河南省创新型科技团队项目(CXTD201708
河南省高校科技创新团队支持计划项目(19

U0348400

大采高工作面构造探测与
超前支承压力区深孔预注浆片帮防治技术研究

王雨利／著

中国矿业大学出版社

·徐州·

内 容 提 要

本书系统地对大采高工作面构造探测与超前支承压力区深孔预注浆片帮防治技术的科研成果和工程实践进行了总结。内容包括大采高综采技术、隐蔽构造探测技术和工作面构造区注浆加固技术等的国内外研究现状，大采高工作面煤壁片帮机理及防治技术，隐蔽构造槽波地震勘探技术，超前支承压力区深孔注浆机理，新型无机注浆材料，大采高工作面构造区超前深孔预注浆技术方案、工业性试验及其效果，技术水平及经济社会效益等。

本书所述内容理论性和实践性强，可供相关专业工程技术人员与科研人员参考使用。

图书在版编目(CIP)数据

大采高工作面构造探测与超前支承压力区深孔预注浆片帮防治技术研究 / 王雨利著. — 徐州 ：中国矿业大学出版社，2020.7

ISBN 978 - 7 - 5646 - 4783 - 4

Ⅰ. ①大… Ⅱ. ①王… Ⅲ. ①大采高－综采工作面－煤壁－片帮－研究 Ⅳ. ①TD77②TD82

中国版本图书馆 CIP 数据核字(2020)第 138167 号

书　　名	大采高工作面构造探测与超前支承压力区深孔预注浆片帮防治技术研究
著　　者	王雨利
责任编辑	王美柱
出版发行	中国矿业大学出版社有限责任公司
	（江苏省徐州市解放南路　邮编221008）
营销热线	(0516)83884103　83885105
出版服务	(0516)83995789　83884920
网　　址	http://www.cumtp.com　E-mail：cumtpvip@cumtp.com
印　　刷	江苏淮阴新华印务有限公司
开　　本	787 mm×1092 mm　1/16　**印张** 7.25　**字数** 134 千字
版次印次	2020 年 7 月第 1 版　2020 年 7 月第 1 次印刷
定　　价	42.00 元

（图书出现印装质量问题，本社负责调换）

前　言

我国厚煤层（厚度≥3.5 m）煤炭资源量占全部煤炭资源量的44％，厚煤层煤炭产量占煤炭总产量的45％以上。大采高采煤技术在我国煤矿开采中得到广泛应用，已经成为我国厚煤层开采的主要采煤技术，国内千万吨级矿井多采用大采高采煤技术。煤壁片帮、冒顶等事故已经成为大采高工作面设备效能发挥的重要制约因素。本书在广泛借鉴现有研究成果的基础上，系统地介绍了大采高工作面构造探测与超前支承压力区深孔预注浆相结合的片帮防治技术。

全书内容共分为8章：第1章介绍了工作面煤壁片帮、冒顶预防机制的显著意义，以及相关技术的研究现状；第2章介绍了大采高工作面煤壁片帮机理及防治技术；第3章介绍了隐蔽构造槽波地震勘探技术；第4章介绍了超前支承压力区深孔注浆机理；第5章介绍了深孔注浆材料、双液封孔材料和双液缓凝材料；第6章介绍了大采高工作面构造区超前深孔预注浆技术方案；第7章介绍了构造探测与超前支承压力区深孔预注浆相结合片帮防治技术的工业性试验及其效果；第8章进行了技术水平及经济社会效益分析。

本书内容丰富，理论性和实践性强，主要介绍了将槽波地震勘探与注浆技术相结合用于防治工作面煤壁片帮的研究成果，可供相关专业工程技术人员与科研人员参考使用。

该技术在研究和实施过程中，得到了河南理工大学、山西晋煤集团技术研究院有限责任公司、河南力行科创矿山技术开发有限公司、山西晋煤集团赵庄煤业有限责任公司、山西长平煤业有限责任公司和山西晋城无烟煤矿业集团有限责任公司寺河煤矿等单位和相关人员的大力支持和帮助，在此深表谢意！

在编写本书过程中参考了大量的文献和专业书籍，谨向相关作者深表谢意!

由于作者水平和能力所限,书中疏漏和不妥之处在所难免,敬请读者严加斧正,不吝指教为盼!

著　者

2020 年 5 月于河南理工大学

目 录

1　概　述

1.1　研究背景及意义

（1）工作面煤壁片帮、冒顶现象已成为综采设备效能发挥的严重制约因素，尤其是厚煤层开采。

采掘场所煤壁片帮、冒顶问题除了带来严重的伤亡事故外，更多的是严重制约着综采设备效能的发挥。在我国现有煤炭资源量和产量中，厚煤层（厚度≥3.5 m）的煤炭资源量和产量均占 45% 左右。厚煤层是我国煤矿实现安全高效开采的主力煤层，具有资源量优势。大采高采煤法具备工作面回采率高、产量大、效率高、可集中生产、井下布置简单以及瓦斯防治容易等突出优点，是厚煤层开采方法的主要发展方向。我国在大采高开采方法、技术装备、安全管理等方面取得了诸多突出成就，大采高一次采全厚采煤法已在我国多个矿区得到应用，如神东矿区、晋城矿区、邢台矿区、大同矿区等。但是，煤壁片帮、冒顶等问题一直限制着大采高采煤技术的推广应用，特别是在断层、陷落柱、软煤区、仰采区域等不良地质区段，情况更为严重，轻则导致支架倾倒、歪斜，重则导致工作面大面积冒顶，严重影响工作面推进速度，甚至会带来较大的伤亡事故。此外，随着开采深度增加，深部地质条件变得复杂、岩层压力显著增大、巷道位移量增大、支架损坏严重、巷道返修量剧增，巷道维护变得异常频繁与困难，尤其当采用大采高采煤技术时，由于要求巷道断面较大，再加上强烈采动影响，巷道变形破坏严重，成为采掘设备效能发挥的重要制约因素。

（2）合理采用地质构造探测技术，实现对工作面回采范围内地质异常区域的预判，对于确保工作面安全高效回采尤为重要。

综采工作面地质构造复杂主要指综采工作面内隐伏断层发育，且断层之间切割关系复杂；综采工作面形状不规则，倾角变化比较大；综采工作面斜长比较大，隐伏的地质构造更复杂。这些复杂地质条件对煤矿开采影响很大，山西长平煤业有限责任公司（以下简称长平矿）现回采 3# 煤层，回采范围内地质构造分布情况复杂,在工作面回采过程中经常产生煤壁片帮、冒顶现象,从而严重影响工作面生产,工作面月产量不足 30 万 t。因此,若在回采之前,早作准确预报,预测工作前方有何种地质异常以及它们的准确位置、规模,如煤层厚度变化情况、矸石层分布情况、小断层、陷落柱、火成岩侵入体、古河床冲刷情况、岩墙、老窑等隐患,提前做好准备,则不仅能保证煤矿安全生产,而且能确保生产顺利进行,提高生产效率。因此,在采煤工作面回采前需要先掌握地质构造情况,并采取注浆等有针对性的措施进行处理,从而保证煤矿的安全生产。

(3) 注浆加固已经成为确保顶板安全、防治顶板事故的主要措施,但在煤矿大量应用高分子注浆加固材料,也带来了重大安全隐患和开采成本的大幅度增加。

为了消除工作面煤壁片帮、冒顶,以及巷道严重变形带来的不利影响,各煤矿主要采用注浆加固作为应急措施。煤矿高分子注浆加固技术将较低黏度的高分子树脂液体通过注浆设备注入围岩体裂隙或松散体中,使其在较短时间内固结硬化并在煤岩体中形成梳状、网络状结构,把原来破碎的、松散的、不连续的受力体胶结成连续的、完整的高强度受力体,从而在结构上修复其缺陷,提高煤岩体的力学性能,如结构承载力、剪切力、防渗漏性等。目前,国内在煤矿煤岩体注浆加固中应用的高分子注浆加固材料主要是聚氨酯类注浆材料,该类材料具备渗透扩散性好、强度增长快、黏结强度高以及现场操作简单等突出优点,对现代煤矿安全高效生产的适用性较强。

但是,高分子注浆加固材料在井下应用过程中存在较大的安全隐患,国内外曾发生过多次严重的次生灾害事故,给煤矿井下安全生产带来较严重的负面影响。首先,该材料在反应时会产生较大的热量,温度上升很快且很高,一般都在 150 ℃左右,甚至更高,达 200 ℃,很容易导致材料本身氧化冒烟甚至着火,进而引发煤体自燃,发生严重的灾害事故,且掺入的阻燃剂内存在较多的氯、溴等元素,这类元素在高温或着火条件下会生成有毒有害的烟雾产物。再者,若无视或轻视工程问题的特殊性,则在实际应用中会导致失败甚至发生严重的次生灾害。如在大采高、倾角较大的松软煤层和粉煤条件下对顶板、煤帮的稳定性进行控制,由于聚氨酯材料能够与水快速反应,产生较强的发泡膨胀性,有较高的膨胀压力,煤壁会在较大范围内整体片帮,进而发生较大的顶板冒落、压架倒架事故。

此外,注浆材料成本高,企业不堪重负。国内煤矿使用的聚氨酯类注浆材料,其价格在 2015 年前一般为 2.8 万～3.5 万元/t,在煤炭形势下行后略有下降,为 2.4 万～2.8 万元/t。国内高分子注浆材料生产企业主要包括河北同成科技股份有限公司、巴斯夫浩珂矿业化学(中国)有限公司、北京瑞琪米诺桦合成材料有限公司、青岛新宇田化工有限公司、山东省尤洛卡自动化仪表有限公司等知名企业,除此之外还有大量的小企业。其中,河北同成科技股份有限公司为一家上市公司,据该公司 2013 年、2014 年和 2015 年年报情况,其营业收入分别高达 2.33 亿元、2.38 亿元和 2.2 亿元,全国所有高分子注浆材料生产企业营业收入总和应不会少于 20 亿元。另外,据大禾投资咨询有限公司提供的数据,2013—2015 年煤矿所用高分子注浆材料的费用高达 20 亿元以上,这些高昂费用已经成为企业的沉重负担。山西晋煤集团赵庄煤业有限责任公司(以下简称赵庄矿)主采 $3^{\#}$ 煤层,年产量约 1 000 万 t,在当前煤炭形势下,年利润不足 1 亿元,但是每年消耗的高分子注浆材料成本费用高达 1.5 亿元,已经不堪重负。

(4) 现有高分子注浆加固材料只适用于浅孔注浆,只能作为应急处理措施,开发新型注浆材料势在必行。

目前广泛采用的聚氨酯类高分子注浆加固材料在常温条件下的基本物性参数如下:黏度为 0.2～0.4 Pa·s,固化时间为 60～120 s,抗压强度(不发泡时的本体强度)为 40～80 MPa,抗拉强度大于 20 MPa,黏结强度大于 3 MPa,与潮气或水反应发泡膨胀(其强度和阻燃性降低)。该类材料虽能够起到"立竿见影"的效果,但快速固化特性使其只适用于浅孔注浆,需要在煤壁作业,对生产影响较大。基层生产单位往往只有在工作面出现片帮、冒顶等情况下才使用该类材料,且大部分材料流入采空区或者顶板冒落空洞,从而造成材料的极大浪费。最好的处理办法是在工作面煤壁或者两巷进行深孔注浆,即对煤体进行预注浆,这样既能最大限度地减少注浆对生产的影响,又可以极大限度地减少注浆材料消耗量,节约注浆成本。深孔预注浆的关键点在于材料强度增长能够满足工作面高效开采需要,材料固化时间能够满足深孔注浆需要,材料渗透特性与煤体裂隙发展规律相适应,因此,必须将材料渗透特性、强度特性、固结特性等与矿山压力演化规律综合起来进行研究。

(5) 实现工作面地质异常区域精确探测与注浆加固紧密结合,建立工作面煤壁片帮、冒顶预防机制有着显著意义。

综合上述分析可以看出,大采高工作面煤壁片帮、冒顶已经成为影响工作面安全高效生产的主要因素之一,其中,隐蔽构造区域是工作面煤壁片帮、冒顶的易发地段。因此,为了减少工作面煤壁片帮、冒顶现象,确保工作面安全高效生产,应采取的重要手段是建立工作面煤壁片帮、冒顶预防机制,其关键技术主要表现为三个方面:① 将工作面地质异常区域探测技术与注浆加固技术相结合,实现对工作面隐蔽构造类型、规模、位置等的精准探测,并有针对性地进行注浆加固,以提高地质异常区域的整体稳定性,降低工作面煤壁片帮、冒顶现象发生的概率;② 充分利用工作面超前支承压力的"增注"作用,在工作面前方裂隙增生区域提前进行注浆作业,实现对工作面前方煤体提前加固,防止工作面推进时发生煤壁片帮、冒顶现象;③ 研发新型深孔注浆材料,克服高分子注浆加固材料的有毒害、易自燃及成本高等缺点,配合大采高工作面超前深孔预注浆思路,建立大采高工作面地质异常区域煤壁片帮、冒顶预防机制。

1.2 相关领域国内外技术现状及发展趋势

1.2.1 大采高综采技术应用现状

德国、波兰、英国、苏联、捷克、日本等国家从 20 世纪 60 年代开始就发展应用大采高综采技术。20 世纪 60 年代,日本设计了一种适用于 5 m 采高并带中间平台的液压支架,该设计获得了日本国家设计奖。德国在 1970 年使用贝考瑞特垛式支架成功地开采了热罗林矿 4 m 厚的 7 号煤层,德国拥有的大采高液压支架架型主要包括威斯特伐利亚 BC-25/26 型、赫姆夏特 T55-22/60 型、蒂森 RHS25-50BL 型及 G320-23/45 型。苏联采用 M120-34/49 型掩护式支架、波兰采用 POMA22/45 型掩护式支架、捷克使用 F4/450 型支架作为大采高液压支架。目前,国外厚煤层大采高液压支架的最大支撑高度达 7 m,采煤机最大采高达 5.4 m。各国的生产实践表明,在一些良好的地质和生产技术条件下开采较硬的煤层,大采高综采实现了高产高效、高安全性、高回收率和经济效益好的目标。国外一般认为,设备重型化和尺寸加大、煤壁片帮与冒顶、大采高液压支架稳定性、大端面回采巷道掘进与支护、工作面运输等都是限制大采高综采取得显著经济效益和推广应用的障碍。因此,世界主要产煤国家至今仍在积极改进、完善大采高液压支架,并不断进行现场实践和扩大大采高综采的应用范围。

我国自 1978 年起从德国引进了 G320-20/37 型、G320-23/45 型等掩护式大采高液压支架及相应的采煤运输设备,在开滦范各庄矿 1477 工作面开采 7 号煤层,在煤层厚度为 3.3~4.5 m、倾角为 10° 的条件下,平均月产量达 70 819 t,最高月产量达 94 997 t,达到我国当时的最高水平。与此同时,我国开始研制大采高液压支架和采煤机。1984 年,西山矿务局官地矿在 18202 工作面使用我国自行研制的大采高综采设备进行了工业性试验,综采支架为 BC520-2/47 型支掩式液压支架、采煤机为 MXA-300/45 型无链牵引采煤机,在采高 4.0 m 及 Ⅱ级 3 类顶板条件下,3 个月采煤 11.2 万 t。1986 年,邢台矿务局东庞煤矿使用国产 BY3200-23/45 型掩护式液压支架配套其他大采高综采设备,在 2702 工作面进行了工业性试验并取得了成功。1987—1988 年,东庞煤矿又与北京煤机厂合作,研制了 BY3600-25/50 型掩护式液压支架,成功地用于 2 号煤层开采,在采高 4.8 m 情况下,平均月产 104 350 t,最高月产 142 211 t。1989 年以来,该矿一直保持了大采高综采队年产百万吨以上水平。20 世纪 80 年代到 90 年代初期,我国先后在铜川、开滦、西山、兖州、徐州、邢台、双鸭山等矿区使用了大采高开采方法,采高均未超过 5 m。1981—1994 年,全国累计有 359 个年产超百万吨的综采队,其中,大采高综采队有 19 个,占 5.3%。

随着安全高效矿井建设的深入,人们普遍认识到安全高效工作面是矿井安全高效的基础。近年来,大采高开采的优势越来越得到普遍认可,大采高开采技术发展到一个新的阶段,开采高度突破 8 m,日产量达万吨级水平。2002 年,神华集团大柳塔煤矿采用进口装备,采高 4.5 m 左右,原煤年产量达 1 085 万 t,综采工作面年产量达 874 万 t,双双超过了美国二十英里矿保持的矿井年产量 777.81 万 t、综采工作面年产量 649.43 万 t 的世界先进水平。神东公司补连塔煤矿 2003 年综采工作面年产原煤 924 万 t,采高 4.5～4.8 m。2004 年,神华集团榆家梁煤矿单井年产量达 1 480 万 t。2004 年,神东公司上湾煤矿大采高工作面年产原煤 1 075 万 t,矿井回采工效达 927 t/工,实际采高达 5.4 m。上湾煤矿综采队 2004 年 8 月生产原煤约 104 万 t,大柳塔煤矿活鸡兔井综采队 2004 年 10 月产煤 107.887 万 t。龙矿集团梁家矿综采队在 4.2 m 大采高和"三软"煤层条件下,年产原煤 156 万 t,创造了我国"三软"煤层开采的高产纪录。2007 年 1 月,6.3 m 大采高重型工作面在上湾煤矿建成投产,采高创世界新纪录;7 月,补连塔煤矿建成 6 m 大采高重型工作面。同煤集团四老沟矿在"两硬"条件下,使用国产 ZZ9900-29.5/50 型液压支架成功地开采了平均 5.1 m 厚的 14 号煤层,实际采高 4.5 m,工作面最高月产量为 31.55 万 t,为普通综采的 3.26 倍,最高日产量达 15 110 t,最高直接工效达 212.8 t/工。2009 年 12 月,世界上首个 7 m 大采高综采工作面补连塔煤矿 22303 综采工作面投入试生产。2018 年 3 月,世界上首个 8.8 m 超大采高智能综采工作面在上湾煤矿投入试生产。

1.2.2 大采高综采工作面煤壁片帮研究现状

随着大采高综采技术的逐渐推广应用,我国专家学者对大采高综采工作面煤壁片帮机理进行了大量的分析和探讨,并取得了一系列研究成果。

郝海金等基于边坡稳定性研究的成果,用概率分析方法,从理论上对大采高工作面煤壁片帮产生的原因进行了研究,建立了大采高工作面煤壁滑面力学模型,分析了影响工作面煤壁稳定性的各种相关因素,指出影响工作面煤壁片帮发生概率的因素主要有不连续面的多少和方向、不连续面的内聚力和内摩擦角、直接顶对煤壁的压力及它们之间的摩擦系数。

闫少宏等运用数值计算与解析法研究了大采高综放开采煤壁片帮的特征与机理,并对煤壁片帮、冒顶的可控性因素进行了量化分析,认为大采高综放开采易于发生煤壁片帮、冒顶,且某一特定条件的工作面发生煤壁片帮、冒顶的采高有一临界值,但是并没有对临界值进行求解。

牛艳奇等对大采高综采工作面煤壁片帮机理进行了分析,发现影响工作面煤壁片帮的因素有采高、内摩擦角等,运用数值计算方法研究了不同采高下的煤壁片帮条件及临界护帮长度,并结合神东矿区的煤层条件,提出了提高支架的前端护帮力、初撑力、前端支顶力及增加护帮长度等控制大采高综采工作面煤壁片帮的措施。

胡国伟等通过数值计算软件对大采高工作面推进过程中煤岩内部应力场分布规律及塑性破坏情况进行了研究,并提取了各个单元的应力值,以此得出了大采高工作面支承压力分布规律。

尹志坡等从煤层地质构造、综采工作面顶板压力与活动、支架支撑状态等方面分析了影响大采高综采工作面煤壁片帮的因素,提出了加强液压系统管理、规范操作工序、固化煤壁等预防措施。

夏永学等模拟分析了工作面长度、推进速度和俯仰斜开采角度对大采高综放工作面煤壁稳定性的影响。模拟结果表明,当工作面长度小于某一范围时,片帮深度和冒顶高度都会随着工作面长度的增加而增大,当工作面长度超过某一范围后,最大片帮深度和最大冒顶高度都不会随工作面长度的增加而增大;工作面推进速度越快,发生片帮和冒顶的概率越小;俯斜开采有利于减少片帮和冒顶,仰斜开采则相反。

1.2.3 隐蔽构造探测技术研究现状

从勘探原理来分,勘探技术可分为化探、物探和其他专门水文地质试验技术。

化探技术主要有:① 多元连通(示踪)试验技术;② 氧化还原电位技术;

③ 环境同位素技术；④ 水化学宏量与微量组分分析技术；⑤ 溶解氧分析技术；⑥ 水文地球化学模拟技术等。

物探技术主要有：① 微流速测定技术；② 高密度电阻率法技术；③ 频率测深技术；④ 瑞利波地震勘探技术；⑤ 瞬变电磁法技术；⑥ 槽波地震勘探技术；⑦ 高分辨率三维地震勘探技术；⑧ 探地雷达技术；⑨ 音频电透视法等。

专门水文地质试验技术主要有：① 抽水试验法；② 压水试验法；③ 放水试验法；④ 地下水位动态观测法；⑤ 脉冲干扰技术；⑥ 井下钻孔原位应力与采动应力的测试技术等。

物探技术由于其本身工作原理、对环境要求、技术设备的不同而具有一定的应用针对性，各自的优缺点也十分明显。由于矿区（尤其在山区、河流湖泊密布、大型水库地带）的水文地质条件相对复杂，再加之外部人为因素的干扰，在实际工程中采用任何一种物探技术都很难得到满意的探测效果，而综合利用各种物探技术的优势，取长补短，数据结果相互验证，可以使异常体的确定更加准确、可靠，从而取得最佳的经济效益和社会效益，同时满足后期防治水工程需求。

槽波地震勘探作为专门探查采煤工作面地质构造及其他地质异常体的物探技术，具有技术成熟、应用历史悠久和效果好的特点，是最有效、最精确、分辨率最高的煤矿井下地震勘探方法。井下槽波地震勘探可发现煤层中尺寸仅为 10 m 级的地质异常体和断距为煤厚 1/3 或更小的断层及直径为 15 m 的陷落柱。槽波法探测距离大，透射法槽波探测距离是煤厚的 300 倍，反射法槽波探测距离可达煤厚的 150 倍，所以槽波勘探可获得整个工作面内非常详细的地质信息和安全隐患，从而便于进行采前处理，并为工作面的合理划分提供依据，可保证安全科学开采，避免增加无效掘进，提高回采率。

早在 1955 年，F.F.艾维逊就对槽波用于采煤业的可能性做了预见性的肯定。但直到 1963 年才由 T.C.克雷正式发表了关于槽波在煤层中传播模式的理论。经过 30 多年世界若干研究团体的努力，槽波法已经发展成为一种成功率很高的实用性强的槽波地震勘探技术。槽波地震勘探技术在理论上得到了证明，在仪器和方法上得到了发展，并被成功地用在世界上各种各样的煤矿区。德国、英国、澳大利亚、美国、波兰、俄罗斯、匈牙利等国家，已将井下槽波地震勘探技术作为采前最有效的勘探手段。

德国 DMT 公司早在 20 世纪 80 年代就研制出了世界上最先进的煤矿井下防爆槽波数字地震仪（SEAMEX-80、SEAMEX-85）。英国等国家在槽波数字地震探测技术方面也做了很多研发工作。20 世纪末至 21 世纪初，德国 DMT 公司对 SEAMEX-85 型防爆槽波数字地震仪做了全面改进和更新,先后推出了 Summit 型防爆槽波地震仪和 Summit Ⅱ Ex 型防爆槽波地震仪,Summit Ⅱ Ex 型防爆槽波地震仪成为世界上最先进的防爆槽波地震勘探系统。这些仪器在河南能源义马煤业集团股份有限公司、黑龙江龙煤矿业控股集团有限责任公司、山西焦煤集团有限责任公司、山东能源集团有限公司、中国矿业大学、山东科技大学、河北煤炭科学研究院等数十家单位被应用,并且取得了比较明显的效果。

1.2.4　工作面构造区注浆加固技术研究现状

注浆技术最早始于 1802 年,法国用木制冲击泵注入黏土和石灰浆液加固地层。1826 年,英国发明了硅酸盐水泥,之后注浆材料开始以水泥浆液为主。随着注浆材料的飞速发展,注浆工艺和注浆设备也得到了快速发展,注浆技术应用工程领域越来越广,涉及所有的岩土和土木工程领域,比如地下工程、岩土边坡工程、市政工程、建筑工程、桥梁工程等各个领域。

近几十年来,一般岩土注浆理论发展较快,成果主要集中在岩土介质中浆液流动规律及岩土体的可注性、裂隙充填物对流动和围岩稳定性的影响、平面裂隙接触面积对裂隙渗透性的影响、仿天然岩体的裂隙渗流试验等方面,但应用较多的仍然是渗透注浆理论和劈裂注浆理论。

在注浆浆液方面,目前常用的有无机类和有机类注浆材料两种。无机注浆材料主要包括水泥、水玻璃类材料,有机注浆材料主要有聚氨酯、不饱和聚酯、脲醛树脂和环氧树脂等材料。无机注浆材料具有颗粒较大、黏度较高的特点,在围岩裂隙不发育的情况下,其浆液难以注入煤岩体内;而有机注浆材料由于无颗粒物,且黏度相对较低,可以在微小裂隙情况下注入煤岩体内。在原岩应力状态且围岩结构致密情况下,需要的浆液黏度极低,在注浆压力作用下,浆液慢慢渗入被注煤岩体内,通过黏结作用将煤岩体聚合在一起,形成稳定的结构。目前,我国煤矿用聚氨酯注浆材料的黏度一般为 0.2～0.4 Pa·s,抗压强度大于 40 MPa,黏结强度大于 3 MPa,该材料注浆加固效果好,但黏度偏高,在致密煤岩体中注浆时浆液难以渗入;环氧树脂注浆材料一般黏度很大,且浆液在有水的情况下强度会降低;脲醛树脂注浆材料的黏度为 0.03～0.06 Pa·s,抗压强度可达 7.97 MPa,黏结强度为 0.9 MPa;不饱和聚酯注浆材料具有黏度低、流动性好、强度高(70 MPa)的特性,但其固化剂为过氧化物,具有爆炸危险性。因此,仍需研制一种黏度低、流动性好、黏结强度大且安全可靠的注浆材料。

综采工作面的隐蔽构造会对煤层开采造成较大影响,特别是断层、褶曲、陷落柱、溶洞、火成岩侵入体、古河床冲刷带、岩墙、老窑等隐蔽构造的规模和形态,以及其伴生的水体的赋存状态、涌水位置、水量和软弱围岩及不同类别围岩的界面等因素对煤矿安全开采影响极大。主要体现为:这些隐蔽构造破坏区的围岩较为破碎、煤体松软,工作面回采过程中极易发生片帮,甚至冒顶事故,给工作面顶板管理带来很大的困难。因此,对隐蔽构造进行注浆加固,对于确保工作面顶板和生产安全意义重大。

目前,山西晋煤集团技术研究院有限责任公司研发形成了新型高性能无机注浆材料体系,包括浅层堵漏、深孔注浆、瓦斯封孔等一系列材料,在集团公司下属多数矿井中进行了大量巷道及工作面围岩注浆加固工业性试验,并采用联邦加固Ⅰ号(单液)材料在成庄矿 5308 工作面过陷落柱区域、寺河矿 1307 工作面过断层区域、赵庄矿 1307 工作面过高冒区等工程中进行了工业性试验和推广应用,取得了较好的注浆加固效果,为研究工作开展提供了基础条件和工程经验。

1.3　主要研究内容及方法

(1) 大采高工作面煤壁片帮机理及防治技术研究

从工作面煤岩力学性质、赋存条件、采场支承压力、矿压显现规律、支架阻力、移架方式、采煤工艺等几个方面入手,深入分析大采高工作面煤壁片帮、冒顶的原因,并制定系统的防治方案。

(2) 隐蔽构造槽波地震勘探技术研究

采用矿井槽波地震勘探技术对山西晋城无烟煤矿业集团有限责任公司(以下简称"晋煤集团")下属矿井 3# 煤层进行探测,总结晋煤集团下属矿井 3# 煤层地质构造异常反应特征,为工作面过构造区域的注浆加固方案的设计提供依据。

(3) 超前支承压力区深孔注浆机理分析研究

通过分析大采高工作面应力场和裂隙场的分布规律,并结合数值计算进行相关机理研究。通过机理分析,确定合理注浆时机和区域,煤岩体注浆钻孔布置方式以及钻孔直径、倾角等参数,深孔注浆封孔方法,深孔注浆工艺过程及劳动组织,深孔注浆压力、流量以及单孔注浆量等参数。

(4) 新型无机注浆材料研发

主要内容包括深孔注浆材料渗透、固结时间及强度等参数研究;深孔注浆材料配比和试验完善；深孔注浆材料优选。

（5）现场工业性试验与效果考察

通过现场施工和工业性试验，逐渐完善注浆加固方案；综合采用现场观察、钻孔窥视仪探测等手段对大采高工作面煤壁的注浆加固效果进行分析，并对大采高工作面煤壁和顶板的稳定性进行评价；对注浆前后煤壁片帮和冒顶情况进行统计与分析。

（6）研究成果总结

通过工程资料调研收集、大采高工作面煤壁片帮机理分析、隐蔽构造槽波地震勘探技术研究、超前支承压力区深孔注浆机理及技术研究、深孔注浆材料配比研究、工业性试验及效果考察等，形成集隐蔽构造探测与超前支承压力区深孔预注浆为一体的工作面煤壁片帮防治技术体系。

1.4 技术路线

首先，通过对构造进行精细探测，查明构造类型、破坏特征、导水特性等；然后，依据构造分类特征，选择合适注浆材料、确定注浆工艺参数，进行注浆加固或堵水；最后，对比注浆前后构造探测结果，进行注浆效果评价，未能达到注浆效果的则需要调整注浆方案。形成的技术路线如图1-1所示。

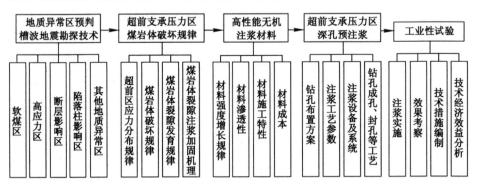

图1-1 技术路线

2 大采高工作面煤壁片帮机理及防治技术研究

2.1 大采高工作面煤壁片帮机理分析

根据采场顶板的运动规律,随着工作面的不断推进,工作面基本顶岩层呈现"弯曲下沉-悬臂-垮落"的周期性来压过程,工作面支架及前方煤体(即煤壁支承区)支承上覆岩层的大部分重力。根据理论分析及现场观测情况,建立采场顶板结构及煤体受力模型如图 2-1 所示。

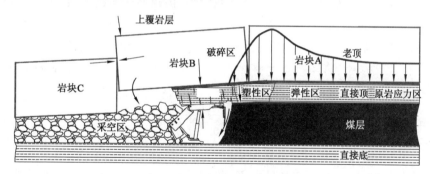

图 2-1 采场顶板结构及煤体受力模型

由图 2-1 可知,煤体在煤壁支承区产生塑性变形,并受顶板下沉、回转挤压等的影响,进一步受压剪、拉伸形成塑性松动、破坏甚至破碎的状态,在被揭露时,由于自重、自身稳定性、采动及支护的作用片落下来,形成煤壁片帮。

在回采过程中,煤壁不断受到顶板下沉及回转的压剪作用。分析煤壁受力情况,可将其简化为受顶板挤压的压杆模型,采用压杆稳定理论分析煤壁的稳定性。煤壁压杆稳定理论模型见图 2-2。

如图 2-2(a)所示,在不考虑护帮板支护的情况下,煤壁及前方煤体受顶板载荷 P 及煤体挤压产生的水平均匀载荷 b 的作用。由于顶板的回转,顶板载荷 P 呈一定的角度作用在煤体上,煤壁受力模型简化为图 2-2(b),将顶板载荷 P

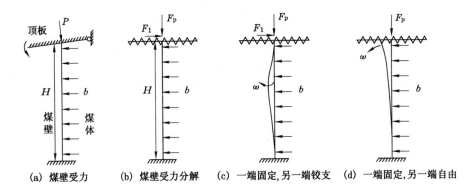

图 2-2　煤壁压杆稳定理论模型

分解为顶板竖直作用力 F_p 及基本顶回转在水平方向上产生的推力 F_1。若直接顶及支护较好,则视顶部无水平方向的移动,"压杆"简化为一端固定、另一端铰支的模型,如图 2-2(c)所示;若直接顶破碎、支护较差或端面冒顶,则基本顶回转产生的水平推力 F_1 不作用于煤壁,视顶部可向支架侧移动,"压杆"简化为一端固定、另一端自由的模型,如图 2-2(d)所示。对两种模型的分析如下。

(1) 一端固定、另一端铰支模型,如图 2-2(c)所示。若不考虑载荷 b,则根据压杆稳定的临界条件及欧拉公式有:

$$F_p = \frac{\pi^2 EI}{(0.7H)^2} \tag{2-1}$$

式中　E——弹性模量;I——惯性矩。

根据欧拉公式,在一定临界力 F_p 的作用下,"压杆"容易发生挠性变形,在给定载荷 b 的限制及作用下,煤壁容易向工作面侧产生破坏,当临界力 F_p 或挠性破坏达到一定程度时,即发生片帮。在此压杆模型中,压杆的长度系数 $\mu = 0.7H$,即煤壁容易在中上部破坏或片帮。

(2) 一端固定、另一端自由模型,如图 2-2(d)所示。若不考虑载荷 b,则根据压杆稳定的临界条件及欧拉公式有:

$$F_p = \frac{\pi^2 EI}{(2H)^2} \tag{2-2}$$

同理,在一定临界力 F_p 的作用下,"压杆"容易发生挠性变形,压杆的长度系数 $\mu = 2H$,说明压杆在自由端容易产生挠性变形,即煤壁上部容易片帮。若考虑载荷 b 的作用,则煤壁更容易向工作面侧片帮。

综上,在工作面回采过程中,采场上覆岩层受到破坏并产生应力重新分布现象,煤壁前方的煤体受到上覆岩层集中载荷作用而产生弹塑性变形、破坏,在被揭露时稳定性降低,向自由面产生挠性变形或位移,受剪切、拉伸及自身重力的作用片落下来,形成片帮。

2.2　煤壁片帮形式

根据对煤壁片帮的现场观测,结合煤壁片帮机理及煤壁受力分析,可将煤壁片帮形式归纳为压剪式片帮、拉裂式片帮和重力滑落式片帮三种。

（1）压剪式片帮

在顶板载荷 P 的作用下,煤壁受压发生塑性变形,受自身脆性及稳定性的影响,由受压逐渐转变为受压剪状态,发生挠性破坏,沿一定的结构面破坏并片落下来,呈较大的块状,即压剪式片帮。压剪式片帮主要为压剪破坏,并有一定的重力或拉裂作用,如图 2-3 所示。

根据现场统计及理论分析,压剪式片帮发生在煤壁及顶板较完整的情况下。当护帮较差时,片帮发生在煤壁上部或中上部,片帮深度一般为 0.2～1 m,如图 2-3(a)所示;当护帮较好或中部夹软煤时,在顶板压剪的作用下,煤壁中下部发生片帮,片帮深度一般为 0.2～0.8 m,如图 2-3(b)所示。压剪式片帮多发生在基本顶周期来压期间或支护欠佳期间。

（2）拉裂式片帮

煤体在煤壁支承区发生塑形破坏,产生一定的裂缝,但还有一定的稳定性;在煤壁揭露时,由于自身稳定性、采动的作用,煤体沿原来产生的裂缝进一步被拉裂,在自重的作用下呈块状片落下来,即产生拉裂式片帮,如图 2-4 所示。

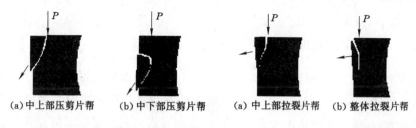

(a)中上部压剪片帮　　(b)中下部压剪片帮　　　(a)中上部拉裂片帮　　(b)整体拉裂片帮

图 2-3　压剪式片帮示意图　　　　　　　图 2-4　拉裂式片帮示意图

根据现场统计及理论分析,拉裂式片帮多发生在仰采、煤壁较脆或煤体层理较发育的情况下。拉裂式片帮的特点为片帮较浅,高度较大,片帮范围较大,片落时上部先被拉裂。片帮的断面位置一般有两种:一种是中上部被拉裂,如图 2-4(a)所示,片帮深度一般为 0.2～0.8 m;另一种是煤壁整体被拉裂,如图 2-4(b)所示,拉裂后在重力或采动作用下片落下来,片帮深度一般为 0.2～0.5 m。

（3）重力滑落式片帮

在煤体破碎、仰采及支护差的情况下,破碎煤体较为松散、内聚力低、承载能力和自稳性差,被揭露后直接受重力的作用而滑落、塌落,形成较大范围的片帮,即重力滑落式片帮,其示意图见图 2-5。

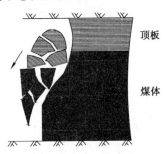

图 2-5　重力滑落式片帮示意图

大量的现场观测结果表明,工作面过陷落柱、断层等煤体破碎区及仰采时,煤壁容易发生重力滑落式片帮。此片帮形式的特点为片帮深度较大,片落的煤体较破碎,多发生在煤壁的中上部,当控制不好时,常常伴随着不同程度的冒顶事故,并经常发生在采煤机割煤时,严重时会出现片帮、冒顶埋采煤机事故。

2.3　煤壁片帮影响因素分析

2.3.1　工作面冒顶对煤壁片帮的影响

从大量的工作面回采实践经验可以看出,工作面煤壁片帮与冒顶往往是相伴发生的,由此也可以看出,工作面顶板条件是造成工作面煤壁片帮的主要影响因素之一,而工作面冒顶与煤壁片帮又是相互影响的。根据煤壁片帮和顶板冒落发生的先后顺序可分为煤壁先片帮和顶板先冒落两种情况。

采场顶板冒落大致可分为两种情况:一是关键块的失稳掉落;二是岩层破碎成散体后的冒落。

当顶板因应力调整和内部裂隙破裂成较大块体时,其力学行为特征符合块体力学原理,即顶板岩块结构中将出现关键块体。顶板是否冒落,冒落高度和范围与关键块的形状及大小以及块体结构的稳定程度有关,如图 2-6(a)所示。而顶板中的水平应力、顶板岩层内摩擦角以及破碎岩块边界面与临空面的空间位置关系等是关键块体能否失稳的决定性因素,这些因素并不是越大或者越小就容易导致顶板冒落,而是这些因素相互作用下的破裂块体结构的整体稳定性决定的。

当顶板岩层破碎程度较高时,其力学行为特征近似于散体介质,在充分的水平挤压作用下,下部碎石会因重力的作用而发生冒落直至形成自然冒落平衡拱,如图 2-6(b)所示。由散体介质力学原理可知,自然冒落平衡拱的高度与围岩特性以及端面控顶距有关。

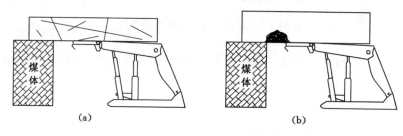

图 2-6 采场顶板冒落分类示意图

若煤壁先出现片帮,以压剪式片帮为例,如图 2-7 所示,则煤壁片帮后,滑落煤体涌向工作面,原先与滑落煤体接触的顶板呈悬露状态,顶板悬露长度及端面距加大,煤壁对其支撑作用减小,顶板弯曲下沉变形量增大,支架载荷成倍增加。

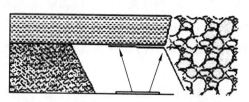

图 2-7 采场先片帮后冒顶示意图

若这一不利现象持续恶化,则顶板悬露面积达到极限而折断破碎,或者由煤壁承载的顶板载荷越来越大至其再次片帮滑落,如此循环往复,工作面人员及设备安全必将难以保证。

若顶板先出现冒落,以散体冒落为例,如图 2-8 所示,则顶板破碎成松散介质,其力学性质与破碎前相比大为改变,承载能力下降,体积增大,并逐渐从支架间隙冒落。顶板岩层局部破碎或少数几层破碎,释放内部变形能,引起围岩应力的重新分布,以致相邻岩层破碎冒落甚至断裂。破碎岩块冒落后,支架与上覆更远处岩层之间失去力的传递介质,支架对顶板的控制作用难以发挥,工作面将处于无支护或者低支护力状况,煤壁再无任何外界支撑物存在,载荷激增,煤壁片帮必然不期而至。

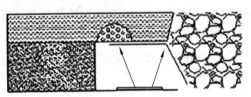

图 2-8　采场先冒顶后片帮示意图

综上所述,煤壁或顶板任何一方失稳,必然波及另一方。同样,煤壁或顶板的暂时稳定也不代表长期稳定,任何一方的不稳定必然会传递给另一方,引起采场围岩结构的整体垮塌甚至给作业人员带来巨大的人身危险。

因此,为了最大限度地降低工作面煤壁片帮发生的概率和程度,应该将改善顶板条件、减少冒顶现象作为控制的重点,以此达到控制工作面煤壁片帮的目的。

2.3.2　煤体强度对煤壁片帮的影响

煤体强度及围岩的节理裂隙发育状况为工作面煤壁片帮产生的根本原因。大采高工作面主要片帮形式中,拉裂破坏是工作面煤体所受的拉力或压力超过煤体的抗拉强度所导致的,剪切破坏则是由于工作面受到的剪切力超过煤体的抗剪强度。因此,对于特定条件下的煤体而言,煤体的强度越高,其稳定性就越好。

通过数值计算方法,对不同煤体抗压强度条件下的工作面煤壁片帮情况进行分析,建立 UDEC 数值计算模型(见图 2-9)。只改变煤体的抗压强度参数,模型其他条件均不变,数值计算结果如图 2-10 所示。

由图 2-10 所示数值计算结果可以看出,煤体抗压强度为 5 MPa 时,煤体塑性区深度达 9.2 m,剪切破坏深度达 4.0 m,拉伸破坏直接导致片帮的深度达 2.0 m,覆岩离层、裂隙较大,顶板下沉较严重。随着煤体抗压强度的增大,塑性区深度、剪切破坏深度及片帮深度减小,在煤体抗压强度为 15 MPa 时有较大的

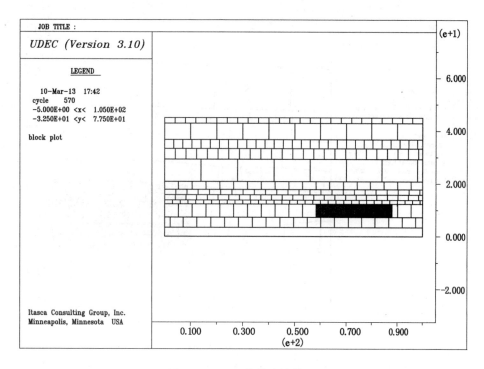

图 2-9　UDEC 数值计算模型

改善,最大片帮深度在 0.8 m 以内,煤体抗压强度为 20 MPa 及 25 MPa 时煤壁破坏及片帮情况相差不大。

不同煤体抗压强度下的煤体位移情况如图 2-11 所示。

根据数值计算结果,不同煤体抗压强度条件下的煤壁破坏及片帮有以下特征:

(1)煤体的抗压强度越低,煤壁的稳定性越低,煤壁片帮深度、塑性区深度及剪切破坏深度越大,顶板下沉量越大,覆岩离层、裂隙越大;

(2)当煤体抗压强度达 15 MPa 时,煤壁破坏范围明显减小;当煤体抗压强度达 20 MPa时,煤壁片帮深度在 0.2 m 以内,随煤体抗压强度的进一步增大,煤壁破坏情况差异不大。

2.3.3　地质条件对煤壁片帮的影响

地质条件不仅是影响煤壁片帮的主要因素,而且还是大采高综采技术的实施、工作面的安全生产及工作面产量的主要影响因素。地质条件简单、煤层变

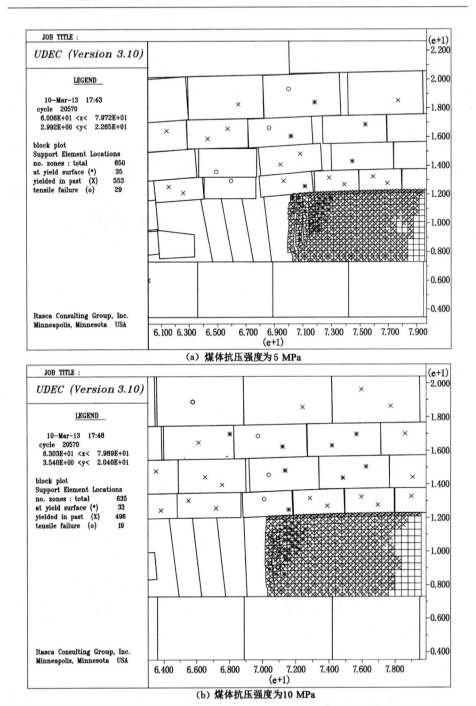

(a) 煤体抗压强度为5 MPa

(b) 煤体抗压强度为10 MPa

图 2-10 不同煤体抗压强度下煤壁塑性区分布

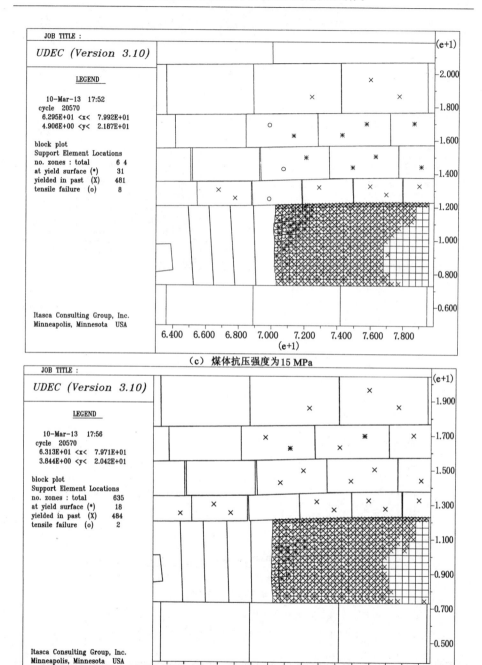

（c）煤体抗压强度为15 MPa

（d）煤体抗压强度为20 MPa

图 2-10(续)

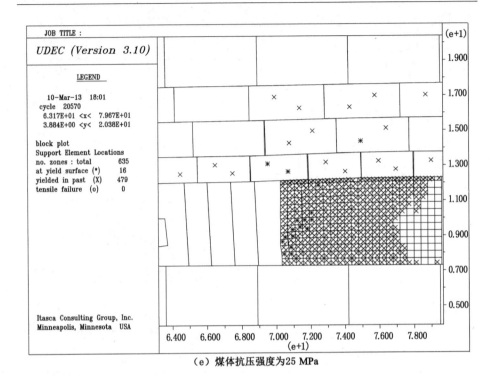

（e）煤体抗压强度为25 MPa

图 2-10（续）

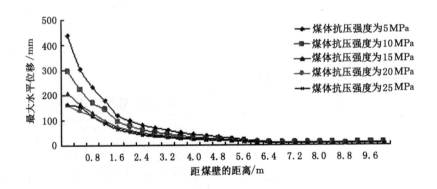

图 2-11　不同煤体抗压强度下煤体位移曲线图

异系数小，则回采工艺简单、回采速度较快、产量及工效较高；相反，地质条件复杂，煤体破碎、连续性差，则在工作面回采过程中，安全性、片帮、回采速度、产量、工效等将受到严重的影响。根据对煤壁片帮机理的分析，得出煤壁片帮的地质条件影响作用主要体现在断裂构造带、陷落柱和仰采几个方面。

（1）断裂构造带

大量的研究成果表明,岩体中的天然应力（地应力）主要由自重应力和构造应力组成,其中,构造应力以水平应力为主,具有明显的区域性和方向性。从产生机理角度,可将地应力分为区域因素产生的地应力和局部因素引起的地应力。区域因素产生一个地区的基本地应力场,而局部因素使地应力在其所受影响的范围内发生局部变化。

地应力是地质环境、地质工程等的基础资料之一。在煤矿井工开采中,各种断裂构造对区域应力场会产生扰动,使得局部应力场出现异常、井田范围内的应力场复杂化,进而影响采掘空间围岩的稳定性。

对于断裂构造对地应力的影响,赫德森（Hudson）和库林（Cooling）在对岩体的非均质性及地质构造研究的基础上,根据结构面与其附近岩体强度的相对关系,将构造面两侧应力状态归纳为三种情况：

① 对于张开无充填的断裂构造,其附近的最大主应力方向发生偏转,趋近于与断裂面平行,如图 2-12 中的情况 1 所示。

② 对于含有与围岩强度相当的充填体的断裂构造,其主应力方向不受影响,如图 2-12 中的情况 2 所示。

③ 对于含有比围岩强度大的充填体的断裂构造,其最大主应力方向发生偏转,趋近于垂直断裂面,如图 2-12 中的情况 3 所示。

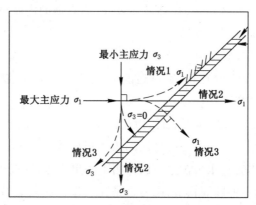

图 2-12 断裂构造面附近应力状态

根据库仑强度理论,材料的破坏为剪切破坏。对于均质岩体,其剪切破坏面与最大主应力平面夹角为 $\alpha = 45° + \varphi/2$；而对于含有结构面的岩体,其剪切破坏面并不确定。

图 2-13 为含单一结构面的岩体,最大主应力为 σ_1,最小主应力为 σ_3,结构面与最大主应力平面夹角为 β。

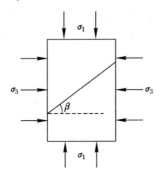

图 2-13　含单一结构面的岩体的受力状态

对于煤体结构而言,煤体中的裂隙按成因可分为内生裂隙和外生裂隙两类。内生裂隙一般认为是在成煤过程中,受煤体体积收缩产生的内应力作用所形成的;外生裂隙是在煤层形成后,煤体受到构造应力的作用而产生的。

煤体的破裂角及节理面倾角与工作面煤壁的相对位置关系对煤壁片帮的影响分为以下三种类型:

① 在围岩压力一定的情况下,随着节理面倾角的增大,煤体的破坏程度逐渐增加,当节理面倾角增大到 $\beta = 45° + \varphi_j/2$($\varphi_j$ 为煤体的内摩擦角)时,破裂面上的剪应力最大,煤壁最容易破坏。

② 如果破裂面与节理面平行,则在垂直应力的作用下,节理面将会闭合。由于节理面之间摩擦力的存在,煤体还能承受部分载荷,一般不会导致煤壁片帮,只会引起节理贯穿。

③ 如果破裂面与节理面不平行,而是两个面形成一定的夹角,则破裂面会与节理面相割,从而使支承压力高峰区的煤体形成块状结构。由于煤壁前方存在自由面,块状煤体会在水平拉应力的作用下挤出煤体,形成煤壁片帮。

断层是最为典型的断裂构造,同时也是在工作面回采区域分布最为普遍的地质构造。研究表明,断层对其附近的地应力分布有明显影响,且断层附近构造应力分布不均匀,在断层带附近形成低应力区和高应力集中区,比较明显的影响范围为距断层面 10～30 m。随工作面接近断层面,工作面前方煤岩体中的支承压力与断层构造应力叠加,在局部地段煤壁内便产生足够大的横向拉应力,从而导致煤壁的变形量大于容许变形量。典型的工作面过断层带示意图如图 2-14 所示。

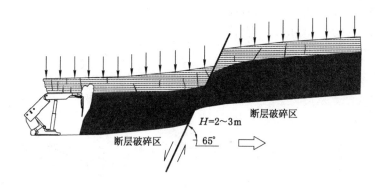

图 2-14　工作面过断层带示意图

(2) 陷落柱

陷落柱也是工作面回采区域常见的地质构造。陷落柱柱体的高度大小不一,小的几十米,只穿过几层或几十层煤岩层,大者达数百米。陷落柱多呈上小下大的圆锥体,也有的呈上大下小的倒圆锥体或上下一样粗细的柱状体。在纵剖面上的形态呈漏斗状、锥状或不规则状。在水平切面上的形态,多为似圆形、似椭圆形,也有长条形、不规则形,截面的直径从几米到几百米。如在山西灵石附近煤矿井下揭露的陷落柱有十几处,截面直径在 8~63 m。塌落到地表的陷落柱地形上表现为近圆形或椭圆形的陷落盆地,盆地内岩层产状杂乱、层次不清,盆地周围岩层因受塌陷影响而略显弯曲,多向陷落区内倾斜。

陷落柱周围应力分布异常,陷落柱内岩体松散复杂,以及工作面采动应力的叠加影响,对工作面的安全生产造成很大的影响。由于塌陷破坏,陷落柱柱体的岩石性质与正常地层有明显不同,其原始地应力也明显不同。该地应力主要由两方面作用形成:一是陷落柱柱体本身重力作用;二是周围的正常地应力在陷落柱周边形成集中应力,并向陷落柱柱体传递。专家学者通过大量的理论分析、数值计算得出,陷落柱周边由内而外依次为塑性破碎区、塑性应力降低区、弹性应力升高区以及原岩应力区。进一步研究表明,陷落柱内及两端各 15 m 区域处于塑性区,从而导致陷落柱周边工作面容易发生片帮。

根据对煤壁片帮的现场观测,在过陷落柱、过断层及停产的情况下片帮较严重。其中,过断层区域时最大片帮深度达 2.2 m,平均片帮深度为 0.9 m,最大片帮高度达 3.2 m,平均为 1.4 m,冒顶高度达 3 m,最大片帮宽度为 26 架支架宽度,平均为 12 架支架宽度,片帮最严重。过陷落柱区域时最大片帮深度达 1.5 m,平均片帮深度为 0.8 m,最大片帮高度达 2.8 m,平均为 1.1 m,最大片帮宽度为 21 架支架宽度,平均为 9 架支架宽度。

(3) 仰采

仰采区域也是工作面煤壁片帮的主要区域。工作面在仰采的情况下,顶板不仅对煤壁产生压应力,而且存在向采空区滑动的趋势,如图 2-15 所示。

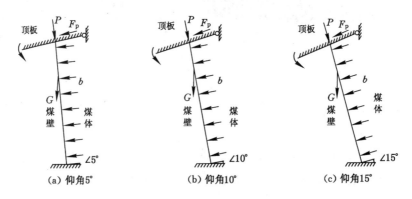

图 2-15　不同仰角下煤壁受力分析图

由图 2-15 煤壁受力分析可知,仰角越大,顶板载荷在下滑方向产生的分力 F_p 越大,顶板对煤体产生的静摩擦力也越大,煤壁上部的煤体容易受顶板压剪而破坏;同时,仰角越大,煤壁的重心越向采空区移动,煤壁容易受重力的作用被拉裂破坏。由煤壁片帮现场观测可知,仰采 5°～12° 条件下的煤壁片帮量是正常回采时的 1.2～1.8 倍。

2.3.4　其他因素对煤壁片帮的影响

(1) 支架工作阻力

液压支架是采场围岩控制的重要结构物,在矿山压力与围岩控制中,液压支架可靠而有效地支撑和控制工作面的顶板和煤壁,液压支架对煤壁片帮的影响主要体现在支架工作阻力上。

液压支架的工作阻力与顶板载荷是一对相互作用力,液压支架的初撑力、工作阻力及支护效果直接决定顶板下沉、煤壁受力及片帮的大小。结合片帮现场观测及数值分析可知,低支架工作阻力是导致工作面频繁片帮、冒顶及推进速度慢的重要因素之一。

（2）周期来压

周期来压是煤壁片帮的一个重要的影响因素，也是煤壁片帮的一个不可避免的因素。根据采场覆岩运动的规律及大量的现场实测统计，工作面基本顶周期来压期间，受到"悬臂梁"下沉及垮落的影响，支架阻力增大，工作面煤壁片帮发生概率明显增大。以某大采高工作面为例，表 2-1 为基本顶初次来压、前几次周期来压及正常回采时的片帮情况。

表 2-1　顶板来压及正常回采时的片帮情况

	采高/m	片帮深度/m		片帮高度/m		片帮范围/架	
		最大	平均	最大	平均	最大	平均
初次来压	4.2～4.8	1.5	0.7	2.1	1.0	32	15
周期来压	3.8～5.2	1.2	0.6	2.3	1.0	29	14
正常回采	4.5～5.2	1.2	0.5	1.5	0.9	21	9

可以看出，基本顶初次来压、周期来压时的片帮量比正常回采时的大，而基本顶初次来压时的片帮量较周期来压时的大。

（3）工作面停产及推进速度

当工作面停产或推进速度慢时，工作面顶板有较充分的时间下沉，从而使得液压支架及煤壁支承区承受的载荷不断加大，液压支架在其特性内活柱下缩量增大，引起煤壁受压缩量增大，煤壁的蠕变量不断增加，造成煤壁的稳定性不断降低，因而煤壁片帮量不断增大。

由大量现场统计结果分析可知，顶板的下沉量与工作面停采时间成正比，停采时间越长，顶板的下沉量越大，煤壁及端面区直接顶的压缩破坏越严重。

与工作面停产类似，工作面推进速度越慢，顶板下沉越充分，岩石及煤壁的蠕变量越大，煤壁越不稳定，越容易片帮。

（4）采煤工艺及管理

实践证明，在复杂地质条件下，采煤工艺及管理是煤壁片帮的影响因素之一。在某些复杂的地质条件下，若循规蹈矩地采用作业规程中的采煤工艺，则会加剧煤壁片帮，影响工作面的产量。例如，按照"端头斜切进刀，往返两刀"的进刀方式，在进刀弯曲段由于煤体破碎、端面距过大而经常产生大范围片帮冒顶的事故，严重时采煤机会被片落的大量煤体堵死，直接导致工作面生产瘫痪。

此外,构造破碎区、仰采等复杂条件下工作面的调斜度、进刀参数、护帮板及移架支护时机均对煤壁片帮有一定的影响。

2.4 注浆加固防治煤壁片帮技术

随着注浆加固材料的不断多元化、注浆技术的不断发展,煤岩体注浆已经逐渐成为巷道围岩加固、工作面煤壁片帮防治的重要手段。煤岩体注浆加固机理主要体现在以下几个方面。

(1) 提高岩体强度

注浆能改善弱面的力学性能,即提高岩体的内聚力和内摩擦角,增大岩体内部块体间相对位移的阻力,从而提高围岩的整体稳定性。很多文献通过现场测试和实验室试验,分析比较了注浆前后岩体的力学性能、不同岩体力学指标的改善程度及影响因素。其中,对二滩拱坝坝基弱风化岩体注浆加固效果的详细对比表明:目测裂隙被水泥浆充填的比例为 5.1%~34.8%;声波测试表明,注浆前声波传播速度分散,注浆后有明显提高且分布均匀,岩体结构效应减弱,岩体强度改善状况与注浆前岩体质量有关;钻孔岩体变形和承压板试验表明,风化正长岩变形模量提高 55%~60%,甚至达 1~2 倍,弹性模量提高 28.1%;结构面力学性能和抗剪强度试验表明,内聚力和内摩擦角都有不同程度的提高,刚度和抗剪强度都得到改善,其中,刚度提高得更为明显。苏联学者对注浆加固围岩的力学过程进行了理论分析和现场测试,结果表明,注浆后岩石的内聚力增加了 40%~70%,平均增加 50%,从而提高了巷道的稳定性。据苏联、法国、西班牙和意大利等国家有关资料报道,注浆加固使砂岩强度增加 50%~70%,粉砂岩和泥质岩强度增加 3 倍、内聚力提高 40%~70%,岩体静弹性模量提高 22%~375%,动弹性模量提高 4.5%~175%,地震波速提高 14%~53%。

(2) 形成承载结构

对破碎松散岩体中的巷道实施注浆加固,可以使破碎岩块重新胶结成整体,形成承载结构,充分发挥围岩的自稳能力,并与巷道支架共同作用,从而减轻支架承受的载荷。相关研究表明,围岩注浆加固可使巷道支架载荷降低 2/3~4/5,当围岩与支架一起变形时支架载荷可降低 3/4~5/6。

(3) 改善赋存环境

软岩巷道围岩注浆后,浆液固结体封闭裂隙,可阻止水汽浸入内部岩体,防止水害和风化,对保持围岩力学性质、实现长期稳定意义重大。

　　本研究的技术原理即采用注浆加固的方式,对工作面构造区域、工作面顶板条件恶劣区域等易导致工作面煤壁片帮的地段进行注浆加固,提高煤岩体的强度和整体稳定性,从而达到防治煤壁片帮的目的。

　　从现有的工作面深孔注浆工程项目可以看出,新型无机深孔注浆材料已在寺河矿1306和5301等大采高工作面末采深孔注浆、赵庄矿大采高工作面复合顶板条件下深孔注浆、长平矿构造区深孔注浆等工程应用中取得了较好的注浆加固效果,是预防大采高工作面煤壁片帮、冒顶的有效技术手段。

2.5　工作面地质异常区域煤壁片帮冒顶预防机制建立

　　现阶段,在工作面回采范围内的断层、陷落柱、冲刷破碎带、软煤区等地质异常区域,工作面煤壁片帮、冒顶现象发生的概率明显高于正常回采阶段,加之大采高工作面采高大、回采速度快、矿压显现剧烈,工作面地质异常区域的煤壁片帮、冒顶问题更加严重。

　　通过上述分析发现,对于工作面地质异常区域煤壁片帮、冒顶问题而言,治理的重点在于预防。因此,有必要建立工作面地质异常区域煤壁片帮、冒顶预防机制,预防机制实现了槽波地震勘探技术与深孔注浆技术的结合,其关键在于以下几个方面。

　　(1)采用槽波地震勘探技术对工作面回采范围内存在的断层、陷落柱、冲刷破碎带、软煤区等地质异常区域进行精确探测,确定地质异常区域的位置、规模等特征,进而为深孔注浆工作提供指导。

　　(2)利用槽波探测结果,根据不同地质异常区域特征,有针对性地进行钻孔布置方案设计,并按照方案进行深孔钻进及注浆,以实现对工作面回采范围内特定区域的注浆加固。

　　(3)根据工作面前方煤岩体应力场及裂隙场分布规律,并结合不同注浆方式及浆液渗透特性,对钻孔布置层位、合理注浆时机等进行分析研究,以确定合理的深孔注浆方案。

　　(4)根据煤岩体内深孔注浆工程需求,从材料细度、失流硬化时间、强度增长速度、最终强度等方面入手,研发满足深孔注浆材料性能要求的高强高渗透性注浆材料,以保证工作面地质异常区域良好的煤岩体注浆加固效果。

3 隐蔽构造槽波地震勘探技术研究

3.1 槽波地震勘探的概念

槽波地震勘探(ISS)是利用在煤层(作为低速波导)中激发和传播的导波，以探查煤层不连续性的一种新的地球物理方法。它是地震勘探的一个分支。槽波地震勘探具有探测距离大、精度高、抗干扰能力强、波形特征较易识别以及最终结果直观的特点，它是在煤层内进行地震探测的煤矿特有的一种勘探方法。具体来说，是指在煤层中产生、通过煤层传播、又在该煤层中接收的槽波，进行透射和反射测量，以达到探测煤层不连续性(断层、冲刷带、陷落柱等能造成煤层中断的地质异常体)的目的。

槽波具有明显的频散特性，它的形成要求煤矿井下必须具备特定的地质条件，即煤层的赋存必须满足上部(顶板)为岩石、中部为煤层、下部为岩石的地质条件，一般情况下煤层的密度相对岩石的密度小，地震波在其中的传播速度相对在岩层中的传播速度低。通过波阻抗计算得出，煤层上下部岩石波阻抗值相比煤层高，煤层则是一个夹在中间的相对低速、低密度的介质，所以，人们又称其为"波导"。当地震波在这种地质条件下的低速带煤层中传播时会发生全反射，并在传播过程中发生叠加与干涉现象，这便形成了槽波，如图 3-1 所示。

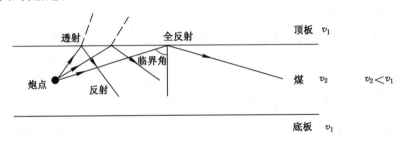

图 3-1　槽波形成示意图

3.2　槽波的激发与接收

对于槽波的激发而言,炸药震源是目前煤矿井下槽波探测过程中最为常用、实用、适用性较强的第一类震源。机械振动震源则是第二类适用面较小的短距离探测使用的震源,特别是反射槽波探测距离更小,而且锤击过程中人为因素造成的连续性二次甚至多次锤击,会导致波列图中地震波振幅、频谱等出现假的多个极值异常点,且多个极值振幅满足一定规律,以 2 个为例,一般倍数关系为 0.8 左右,故其数据质量相比爆炸震源要差。因此,在煤矿井下开展槽波地震探测过程中首选炸药震源。

对于炸药的引爆,一般主要应用的是雷管,而在雷管的选择上很重要的一点就是选择同一批次、同一段的瞬发雷管,以避免产生延时干扰而导致地震波初至时间偏差,造成数据处理困难、地质异常位置偏差等。此外,在装入雷管的过程中一定要保证正向装药,以确保能量向煤壁内部激发。在炸药的选择上,国内槽波勘探激发一般采用煤矿生产过程中应用的矿用安全高爆速炸药,高爆速炸药能够确保激发并产生高频槽波。

对于槽波的接收,在检波器的选择上,一般包括速度检波器和加速度传感器的选择,而且早期人们在进行槽波数据采集过程中基本都使用双分量地震波传感器,分别包括在平行于煤层水平面内的与煤巷侧帮垂直和平行的两个分量,在部分情况下也有使用单分量和三分量的。目前,随着技术的发展与使用者的不断尝试,对三分量传感器和三维槽波勘探技术的使用不断增加。另外,除了采用孔中传感器外,还采用一些非孔中检波器,通过转接装置转接到锚杆上(或者磁吸式、壁挂式)的检波器中。

为了避免巷道煤壁低速带的影响,每个检波器都要安置在钻孔中接收槽波,这些钻孔沿着煤层或厚分层中心钻进,钻孔深度要求一致,一般在2 m左右。在安置检波器时应注意两点,即两分量的方向要正确一致,检波器必须和孔壁围岩良好耦合。为了改善耦合条件,应采用充气胶囊或楔形装置使检波器外壳紧贴孔壁。

在井下记录的槽波图像,常常因受干扰波的影响而复杂化。主要的干扰波有:与巷道煤壁表面低速带有关的表面波和转换波;与围岩-煤界面反射、折射有关的转换波;直达与绕射槽波;声波及巷道混响波等。由于种种干扰波的频谱与有效波频谱相近,要在干扰背景上区分有效波是十分困难的,有时甚至是不可能的。此时,选择合适的激发、接收、观测、记录系统参数是十分重要的。

3.3　槽波的分类与勘探原理

煤矿井下槽波探测主要存在两类方法:一类是探测精度较高的透射法;另一类是反射法。

3.3.1　透射法

透射法施工同时在采煤工作面上下两巷进行,一般包括"半透视观测系统"与"完全透视观测系统"。半透视观测系统是指在采煤工作面上巷(或下巷)安置炮点、下巷(或上巷)安置检波点,完全透视观测系统是指在上巷与下巷甚至开切眼等可利用巷道均布置传感器和炮点。槽波透射法勘探示意图如图 3-2 所示。分析所接收到的槽波信息中是否发生槽波信号的完全丢失或部分丢失现象,如发生丢失现象则可初步证明采煤工作面存在地质构造异常发育情况,完全丢失则表示构造致使煤层完全错断,部分丢失则表示存在构造但未完全使煤层错断。其应用方向主要包括工作面内地质构造(断层、陷落柱、冲刷带等)、煤层厚度变化情况、夹矸厚度分布情况、空区、空巷探查等。

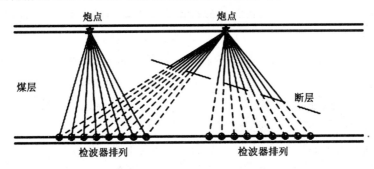

图 3-2　槽波透射法勘探示意图

透射法的准确率相比反射法要高,长期应用与试验统计表明该方法的准确率在 85% 以上。但通过探测及数据分析一般只能确定构造是否存在,依然无法具体定性为何类构造与确定断层落差具体为多少等详细构造信息。可通过改进施工方案、增加勘探范围内的叠加次数等,并通过合理选用数据处理技术将构造圈定在更贴近实际构造发育的位置与范围内。

3.3.2　反射法

采用槽波反射法探测时,震源与检波器排列布置在同一巷道内或掘进头上,如图 3-3 所示。槽波反射根据是否接收到非巷道反射槽波来确认前方是否存在煤层的不连续现象。当断层落差接近或大于煤厚时,波导被完全阻断,会有明显反射槽波返回;当断层落差较小时,接收到的槽波信号会相应减弱;当断层落差更小或者没有断层时,检波器就不会接收到反射槽波。至于巷道的反射则不予考虑,在实际工作中较容易判别。

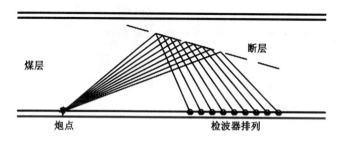

图 3-3　槽波反射法勘探示意图

槽波反射信号能量一般较弱,信噪比低,这是因为反射槽波与很多因素有关,如断层的落差、横向岩石物性差异、断层破碎带规模、煤厚及槽波频率等。需要指出的是,从频率相近的强干扰波中分离出较弱的反射信息不是一件容易的事,有时甚至是不可能的。这限制了反射法测量的最小探测范围。

在槽波反射法探测的有利条件下,即当煤层夹矸厚度不超过煤层总厚的30％、断层落差大、间断面与煤层的夹角大于或等于 40°、反射体走向与布置检波器排列的巷道夹角小于 30°、煤厚中等时,槽波反射法的探测范围为煤厚的200 倍左右。利用反射法探测落差大于 1/2 煤厚的断层准确率可达 60％以上。

必须指出的是,当有几个大小不等的断层并列存在时,若检波器排列在最近的一个断层落差大于煤厚,则波导被完全阻断,在这种情况下只能观测到一个反射槽波;当断层落差小于煤厚时,煤层波导被部分阻断,就有可能记录到来自几个断层的反射槽波。总之,只要条件合适,反射法所采集的数据经过特殊处理以后均有可能一一分辨。

在实际应用中,除了考虑槽波地震勘探的探测方法以外,还需要根据实际探测区域、探测内容确定不同的观测系统。观测系统是指震源与接收点之间的空间位置关系,其内容包括道间距、炮间距、最小透射距。道间距,是指相邻接收点之间的距离;炮间距,是指相邻两激发点之间的距离;最小透射距,是指激发点到最近接收点之间的距离。

3.4 勘测仪器及其组成

本次勘测仪器采用德国 DMT 公司生产的 Summit Ⅱ Ex 型防爆槽波地震仪。该防爆槽波地震仪主要设备(见图 3-4)包括:① 中心站(主机)(1 个);② 数据采集站(60 个);③ 中继站(若干);④ 双分量水平检波器(60 个);⑤ 触发单元(1 个);⑥ 触发脉冲单元(1 个);⑦ 爆炸机(可选用国内矿用爆炸机)(1 个);⑧ 数据传输电缆(长 4 000 m);⑨ 充电器(若干)。

Summit Ⅱ Ex 型防爆槽波地震仪的主要技术指标包括:

(1) 信道数:每个数据采集站 2 个信道;

(2) AD 转换器:24 位,采用 Δ-Σ 技术;

(3) 输入电压范围:± 2.8 V;

(4) 输入阻抗:20 kΩ;

(5) 采样频率:125 Hz,250 Hz,500 Hz,1 kHz,2 kHz,4 kHz,8 kHz,16 kHz,32 kHz,48 kHz;

(6) 瞬时动态范围:$\geqslant 120$ dB;

(7) 共模抑制比:$\geqslant 100$ dB;

(8) 全谐波畸变:$< 0.000\ 8\%$;

(9) 前置增益:0 dB,20 dB,40 dB;

(10) 电源:内部 NMH 电池;

(11) 操作温度:$-20 \sim 40$ ℃;

(12) 操作湿度:$0 \sim 95\%$;

(13) 外壳:刚性防水外壳。

3.5 槽波地震勘探技术优势

槽波地震勘探技术经过长期发展与完善,在探测煤层内部构造发育、煤层厚度变化、古河床冲刷带和夹矸分布等方面取得了较为可靠的效果。其中,槽波透射勘探技术与槽波反射勘探技术主要应用于采煤工作面内部构造及煤厚变化等探测,且取得了很好的应用效果,槽波反射勘探技术还可用于煤巷两侧

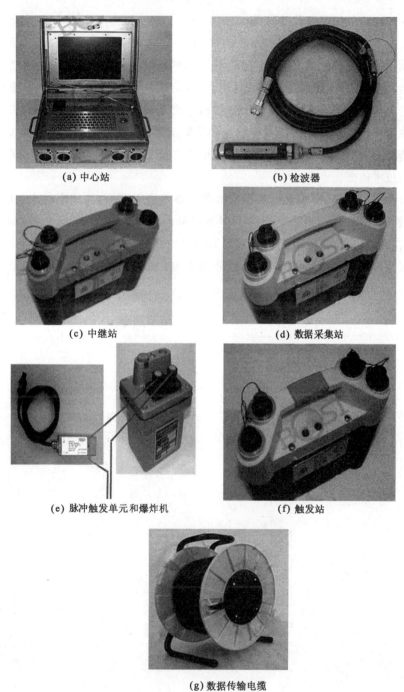

(a) 中心站　　　　　　　　　(b) 检波器

(c) 中继站　　　　　　　　　(d) 数据采集站

(e) 脉冲触发单元和爆炸机　　　(f) 触发站

(g) 数据传输电缆

图 3-4　Summit Ⅱ Ex 型防爆槽波地震仪的主要组成设备

煤层内部构造及煤厚变化等探测。

该技术与地面三维地震技术相比,可避免远距离探测造成的探测异常位置与实际异常存在位置偏差大、小构造难以识别的技术问题;与无线电波透视技术相比,它不受井下电磁干扰,探测距离大,同时探测精度更高,特别在复合构造及走向构造探测方面,能够精细分辨构造形态及其延展情况,可有效避免无线电波透视技术采用扩散场而导致的异常解析范围过大的问题,是一种煤层地质构造精细探查的有效方法,能够为煤矿安全高效生产、资源最大化回采提供可靠的技术依据。

由此可以看出,槽波地震勘探技术的主要优势表现为:探测距离大、探测精度高、抗干扰能力强,能够实现对工作面回采范围内的断层、陷落柱、冲刷破碎带、软煤区、瓦斯富集区等地质异常区域的精确探测,能够清楚地分析得出地质异常区域的位置、大小等特征,为有针对性地进行钻孔布置提供基础资料和指导。

4 超前支承压力区深孔注浆机理分析研究

4.1 大采高工作面前方应力场和裂隙场分布规律

4.1.1 工作面前方应力场分布规律

工作面前方形成超前支承压力,它随着工作面推进而向前移动,称为移动性支承压力或临时支承压力。采煤工作面推进一定距离后,采空区上覆岩层活动将趋于稳定,采空区内某些地带垮落矸石被逐渐压实,使上部未垮落岩层在不同程度上重新得到支撑,因此,在距工作面一定距离的采空区内,也可能出现较小的支承压力,称为采空区支承压力。采煤工作面支承压力一般分布特征如图 4-1 所示。

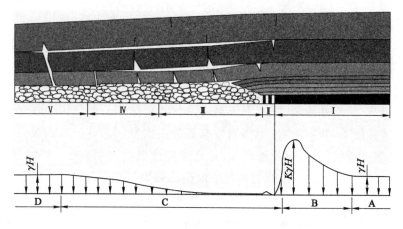

图 4-1 采煤工作面支承压力一般分布特征

由图 4-1 可以看出采煤工作面支承压力的一般特征为:采煤工作面前后形成超前支承压力和采空区支承压力,整体可以分为应力稳定区、应力降低区、应力增高区、原岩应力区。图中,Ⅰ为工作面前方应力变化区,Ⅱ为工作面控顶区，Ⅲ为垮落岩石松散区，Ⅳ为垮落岩石逐渐压实区，Ⅴ为垮落岩石压实区；A为原岩应力区，B为应力增高区，C为应力降低区，D为应力稳定区。工作面后方一定范围处于应力降低区，应力随着距工作面煤壁距离的增大而逐渐稳定；工作面煤壁前方处于应力增高区，应力随着距工作面煤壁距离的增大而逐渐降低至原岩应力并保持稳定；采煤工作面后方采空区支承压力小于超前支承压力。

若仅考虑工作面前方煤岩体中应力分布情况，则可以看出，工作面煤壁前方存在一个移动支承压力，它具备明显的分区特征，依次分为减压区、增压区和原岩应力区，其中，增压区属于应力集中区域。工作面前方应力分区特征如图4-2所示。

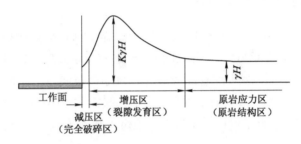

图4-2　工作面前方应力分区特征

从各个分区的裂隙发育情况来看，原岩应力区内煤体和顶板岩体裂隙不发育，孔隙连通性差，可注性差，需要采用劈裂注浆；注浆后的煤岩体强度未必有原始煤岩体强度高，还要经历强烈采动支承压力作用，加固后的煤岩体还要再次发生破坏，从而使注浆失效，起不到防治片帮的作用。增压区内煤岩体在集中应力的作用下，裂隙发育，是煤岩体破坏的主要原因。该区域内煤岩体裂隙增生，孔隙连通性增强，可注性增加，适合采用渗透注浆的方法进行注浆，裂隙发育程度高导致注浆量大，煤岩体与浆液黏结效果好。减压区内煤岩体完全破碎，适合采用充填注浆的方式进行注浆，但煤岩体基本丧失承载能力，要求注浆材料强度较高，且存在漏浆和浪费浆料的问题。由此分析可以看出，自工作面开始，随着超前工作面距离的增大，工作面前方煤体中依次分布有完全破碎区、裂隙发育区和原岩结构区三个区域，并分别适合采用充填注浆、渗透注浆、劈裂注浆的注浆方式。可见，工作面超前支承压力虽然是工作面超前区域煤体破坏的根源，但是其作用同样也使得工作面前方煤体中裂隙充分发育，为注浆提供了良好条件。因此,利用好工作面超前支承压力的作用及其规律,把握工作面超前支承压力带来的"增注"利好,选择合理的注浆时机,并配套适宜的注浆设备、系统、工艺,是工作面超前区域深孔注浆的关键,也是该技术理念的核心。

4.1.2　工作面前方裂隙发育特征

（1）测线法现场实测

为了能够进一步分析工作面前方煤体中裂隙发育情况,采用测线法对工作面前方煤体裂隙发展过程进行观测。现场在大采高工作面超前 60 m 的回采巷道内煤壁侧布置观测区域,测线为煤层中部位置水平线,长度 10 m。观测与测线相交的裂隙的数目、裂隙的迹长及大致发育倾向,超前工作面不同距离处的裂隙素描情况如图 4-3 所示。

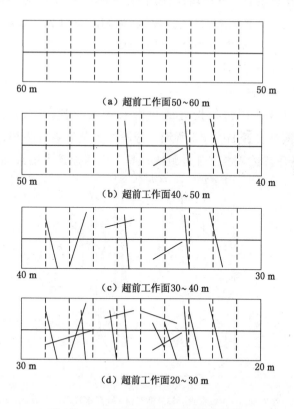

（a）超前工作面50～60 m

（b）超前工作面40～50 m

（c）超前工作面30～40 m

（d）超前工作面20～30 m

图 4-3　工作面前方裂隙发育情况素描

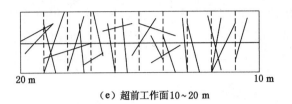

（e）超前工作面10～20 m

图 4-3（续）

据图 4-3 可以看出,随着工作面推进,工作面前方裂隙逐渐增加,超前工作面 50～60 m 时,测线范围内煤帮较为完整,基本无裂隙;超前工作面 40～50 m 时,测线范围内煤帮出现少许裂隙,且以纵向裂隙为主;超前工作面 30～40 m 时,测线范围内煤帮裂隙数量增多,但增多程度不大;超前工作面 20～30 m 时, 测线范围内煤帮裂隙数量逐渐增加;超前工作面 10～20 m 时,测线范围内煤帮 裂隙数量增加速度明显加大,且统计发现,裂隙发育以纵向裂隙为主。由此可以看出,工作面采动对前方煤岩体破坏影响较大,其中,以工作面前方 20 m 范围内裂隙发育程度较高。

（2）分段注水测试

分段注水装置采用自行设计的单管双栓塞设备,分段注水装置系统如图 4-4所示,各测试装置如图 4-5 所示。分段注水装置系统主要由操作系统、高压封堵系统、低压测试系统三部分组成。其工作原理是煤层采动后工作面前方

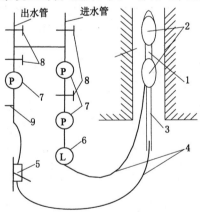

1—渗透段;2—橡胶密封段;3—钻杆;4—高压水管;5—手动加压泵;

6—流量计;7—压力表;8—阀门;9—三通。

图 4-4　分段注水装置系统

将形成超前支承应力,当支承应力大于围岩强度时,围岩将发生破坏、产生裂隙,由于所产生的裂隙的产状、数量等各不相同,所以,在相同时间内其注水量也各不相同,通过横向对比注水量的情况来判断裂隙发育特征。

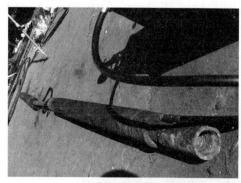 

(a) 钻孔注水段封孔装置   (b) 手动加压泵

(c) 流量计

图 4-5   测试装置

根据现场实际情况,在工作面超前煤体中布置 3 个钻孔,每个钻孔深度为42 m,钻孔直径为 91 mm。钻孔布置示意图如图 4-6 所示。

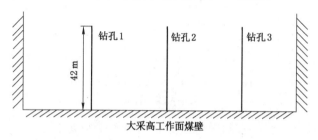

图 4-6   钻孔布置示意图

　　测试前检验装置气密性,将封孔胶囊注水至压力达 3 MPa,关闭封孔胶囊进水开关,观察压力表读数,若 20 min 后读数不变则视为合格,若读数下降则重新连接并检验。将钻机与封孔胶囊连接,钻机每向前推进 3 m 测试一次注水量,每段测试 1 m(从超前煤壁 5 m 开始测试),封孔压力 3 MPa,测试压力 0.5 MPa,每段测试 3 次,每次测试 5 min,取平均值,测试结果如图 4-7 至图 4-9 所示。

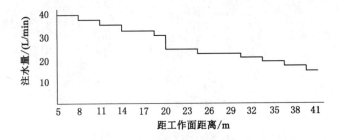

图 4-7　分段注水试验测试数据曲线图(钻孔 1)

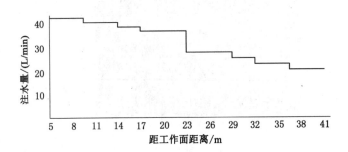

图 4-8　分段注水试验测试数据曲线图(钻孔 2)

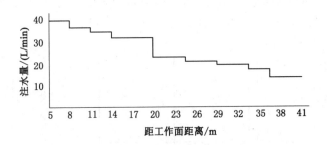

图 4-9　分段注水试验测试数据曲线图(钻孔 3)

　　由图 4-7 可知,工作面回采过程中,受超前支承应力的影响,工作面前方煤岩体发生破坏,裂隙发育明显,随着钻孔孔深的增大即距工作面距离的增大,钻孔注水量逐渐减小,说明工作面前方煤体中裂隙发育程度基本呈现随远离工作面而逐渐减弱的规律。从图中可以看出,超前工作面5~8 m范围内,注水量最大,约为40 L/min;在超前工作面20 m处出现转折点,注水量减小较为明显;超前工作面40 m处注水量减小至15 L/min。

由图4-8可知,钻孔2中注水量变化规律与钻孔1基本一致,随距工作面距离的增大,注水量逐渐减小。超前工作面5~6 m范围内的注水量最大,约为42 L/min;在超前工作面23 m处出现转折点,注水量减小明显;超前工作面40 m处注水量减小至20 L/min。

由图4-9可知,钻孔3中注水量变化规律与钻孔1、2基本保持一致,随距工作面距离的增大,注水量逐渐减小。超前工作面5~6 m范围内的注水量最大,约为40 L/min;在超前工作面20 m处出现转折点,注水量减小明显;超前工作面40 m处注水量减小至14 L/min。

综合上述现场分段注水试验可以看出,工作面开采导致超前工作面煤体中裂隙发育明显。从注水量统计情况可以分析得出,超前工作面20 m范围内的煤体中裂隙发育程度较高,注水量较大;超前工作面20~40 m范围内裂隙发育程度有所降低,平均注水量约为上一区段的50%。因此,可以将工作面前方破碎煤体划分为完全破碎区(0~20 m)和裂隙增生区(20~40 m)。

(3)数值计算分析

为了更进一步地分析工作面前方超前支承压力区煤体破坏情况,采用数值计算的方法,对工作面前方超前支承压力及超前支承压力区煤体破坏情况进行计算分析。

以赵庄矿大采高工作面为背景,建立UDEC数值计算模型,数值计算模型按照实际地质条件进行建立,工作面煤层采高6.0 m,建立的数值计算模型如图4-10所示,计算结果如图4-11所示。

据图4-11可以看出,工作面煤层开挖后,顶板岩层垮落,在工作面上覆岩层中形成明显的裂缝带,工作面前方煤体中也出现了大面积的塑性破坏,塑性破坏范围约为工作面前方20 m。由此可以判断,工作面前方煤体中裂隙发育范围大于20 m。

(4)煤样三轴卸围压试验分析

采取实验室试验的方法对工作面前方煤体裂隙发育情况进一步分析,在未受采动影响的区域,煤体处于静水压力状态,即$\sigma_1 = \sigma_2 = \sigma_3 = \gamma H$,随着工作面

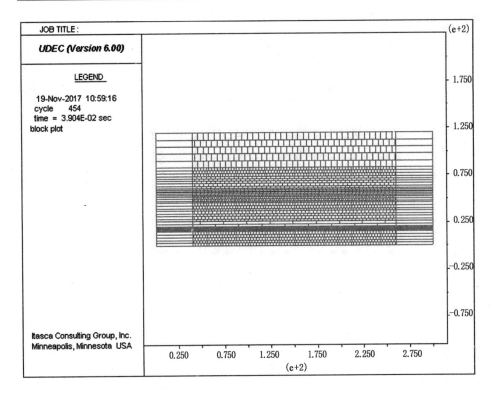

图 4-10　数值计算模型

的推进,煤体中的垂直应力由原岩应力 γH 逐渐升高至峰值应力 $K\gamma H$,之后伴随煤体的破坏而进入卸压状态,垂直应力逐渐降低至煤壁处的残余应力状态;另外,水平应力则由原岩应力 γH 逐渐降低至 0。

　　根据图 4-12 所示的应力分布特征,拟定三轴试验加载路径如图 4-13 所示。即首先以轴压和围压的相对比值为 1 的加载方式,加载至 γH;其次,以轴压和围压相对比值大于 1 的加载方式升高轴压、降低围压,由原始应力状态至图 4-12 中的 b 点;最后,以轴压和围压的相对比值大于 1 的加载方式升高轴压、降低围压,直至煤样发生破坏。赵庄矿 1307 工作面平均埋深 650 m,煤岩层平均重量 $\gamma = 25$ kN/m³,则原岩应力 $\gamma H = 16.25$ MPa,应力集中系数 $K = 2$。

　　根据加载路径,提出以下加载方法:

　　① 按照静水压力条件,以相同速率同时将轴压和围压施加至 16.25 MPa,即图 4-13 中的 OA 段;

　　② 模拟采动影响初始段,煤岩由静水压力状态逐渐变化至轴压应力集中系

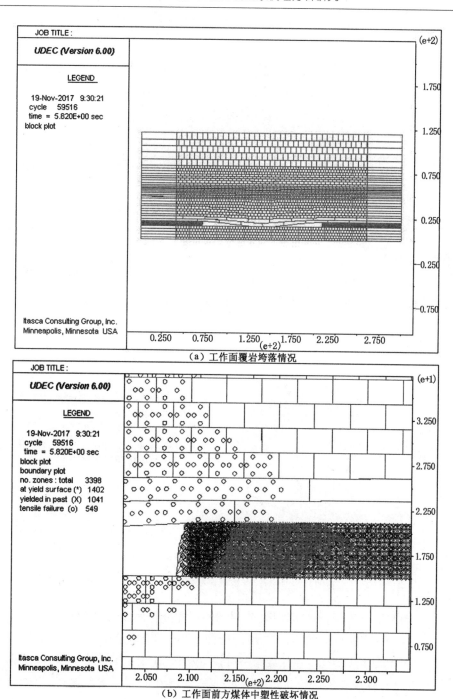

（a）工作面覆岩垮落情况

（b）工作面前方煤体中塑性破坏情况

图 4-11　数值计算结果

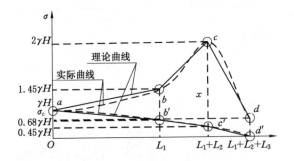

图 4-12　工作面前方煤体垂直应力和水平应力理论分布特征

数 $K=1.45$,煤样轴压 σ_1 增加速率和围压 σ_3 卸载速率之比为 $1.4:1$,即图 4-13 中的 AB 段;

③ 模拟应力集中系数从 1.45 到煤岩发生卸载破坏的过程,应力集中系数 $K=2$ 时,轴压 σ_1 增加速率和围压 σ_3 卸载速率之比为 $2.4:1$,对应图 4-13 中的 BC 段。

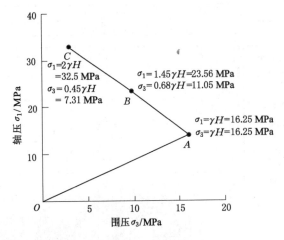

图 4-13　加载路径示意图

三轴卸围压重复做 3 组试验,将用到的煤样分别命名为 B-1、B-2 和 B-3。

三轴卸围压试验各煤样的应力-应变曲线如图 4-14 所示。

由图 4-14 可以看出:在加载第一阶段,应力与应变呈非线性关系,曲线为上凹形,这是在轴压和围压的共同作用下,煤样中存在的原始裂隙逐渐闭合所致;进入第二阶段,围压开始卸载,轴压继续增加,因此煤样的应变变化率开始增

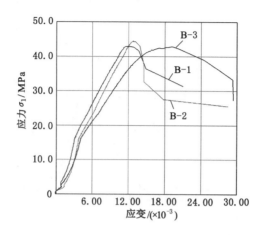

图 4-14　三轴卸围压应力-应变曲线

加,曲线不再呈上凹形,应力与应变大致呈线性关系;在第三阶段煤样开始发生破坏,与单轴压缩试验相比,煤样破坏后其应力随变形跌落得较慢,且具有一定残余强度。

煤样的力学参数如表 4-1 所示。

表 4-1　煤样力学参数

煤样编号	峰值应力 /MPa	峰值应力对应应变 /%	弹性模量 /GPa	最大轴向位移 /mm
B-1	42.862	1.160	3.382	2.10
B-2	44.451	1.283	3.454	2.85
B-3	42.781	1.929	2.626	2.94

图 4-15 为煤样 B-1、B-2 和 B-3 在三轴卸围压过程中的声发射特征检测结果。

由于煤样的单轴试验与三轴试验声发射传感器布置的方式不同,因此传感器接收到的声发射信号有所不同,三轴试验采用声发射幅度这一指标来描述声发射特征。由图 4-15 可以看出,煤样三轴卸围压试验声发射有以下特点:

① 在卸围压前,轴压和围压同步加载,因此该阶段的应力曲线重合,煤样中的原始微裂隙在轴压和围压的共同作用下发生闭合,某些闭合裂隙之间会产生滑移,从而产生少量声发射事件。

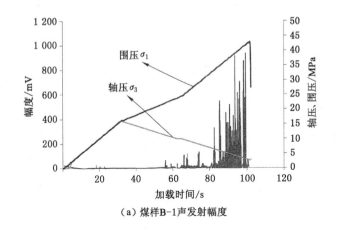

（a）煤样B-1声发射幅度

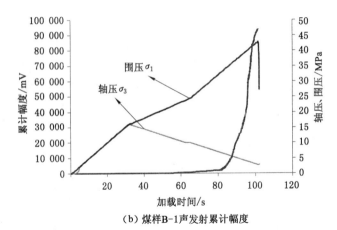

（b）煤样B-1声发射累计幅度

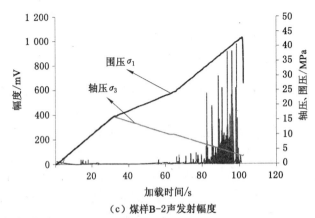

（c）煤样B-2声发射幅度

图 4-15　煤样在三轴卸围压过程中的声发射特征

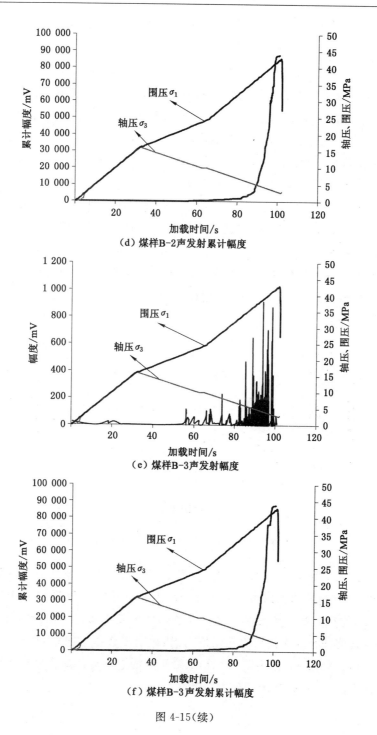

（d）煤样B-2声发射累计幅度

（e）煤样B-3声发射幅度

（f）煤样B-3声发射累计幅度

图 4-15（续）

② 在轴压和围压同步加载至设定压力之后，围压开始降低，轴压继续增加，前期只产生少量声发射事件，声发射计数较少，能量也较低，后期声发射事件逐渐趋于活跃，计数和能量大幅度增大。由图 4-15(b)、图 4-15(d)和图 4-15(f)可以看出，累计幅度与加载时间的关系曲线出现拐点，这是煤样发生破坏的前兆。

③ 随着轴压的继续增加、围压的继续降低，煤样裂隙发生聚合、贯通，形成宏观的破裂面，煤样沿着宏观破裂面发生滑移而失去承载能力，声发射事件随着轴压的降低而减少。

在声发射累计幅度曲线上找出急剧上升点，经过该点向上作一条垂线，与应力-应变曲线相交于一点。煤样 B-1 的该点处的应力值为 33 MPa，为应力峰值的 77.0%；煤样 B-2 的该点处的应力值为 35 MPa，为应力峰值的 78.7%；煤样 B-3 的该点处的应力值为 35 MPa，为应力峰值的 81.8%。以煤样 B-1 的声发射累计幅度曲线为例，如图 4-16 所示。由以上数据可知，当煤样所受应力达到峰值应力的 80% 左右时，声发射事件开始活跃，意味着裂隙开始增生发育。

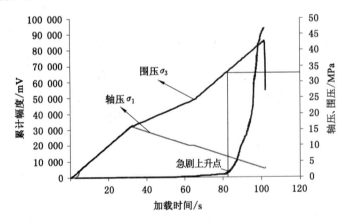

图 4-16　煤样 B-1 声发射累计幅度曲线中的急剧上升点

对煤样的声速测试结果进行处理，结合工作面超前支承压力分布规律，绘制成如图 4-17 所示的工作面前方声速分布曲线。从图 4-17 可以看出，工作面前方 20 m 范围内声速陡降，意味着该范围内的裂隙贯通、煤体破碎。将其与现场实测及数值计算分析结果相互印证得出，超前工作面 20 m 范围内裂隙发育程度高，可划分为完全破碎区。同时，结合工作面超前煤体应力分布规律，可将工作面前方 20～40 m 范围划分为裂隙增生区。

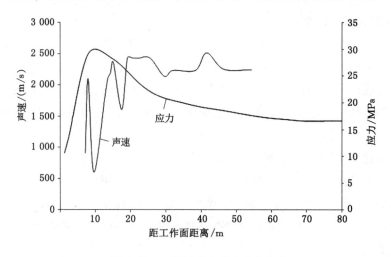

图 4-17　工作面前方声速分布曲线

4.2　钻孔布置层位分析

以赵庄矿 1307 工作面为例,由实际情况可知,工作面上覆一层 1.2 m 厚的泥岩伪顶,工作面煤壁片帮、漏顶现象频繁,从而导致工作面支架接顶困难,工作面逐渐抬高,给工作面生产造成极大的安全隐患。

由前述对工作面煤壁片帮机理进行的分析探讨发现,工作面煤壁片帮的影响因素主要包括地质条件、支架工作阻力、采高、停产及推进速度、采煤工艺及管理等方面,且通过对煤壁片帮防治技术的探讨发现,随着煤岩体注浆加固技术的发展,注浆已经成为防治煤壁片帮的有效手段。本节主要针对煤壁片帮、漏顶发生过程,探讨煤岩体注浆加固的重点区域,以确定深孔注浆的钻孔布置层位和方式。

结合多个工作面现场实际情况,可以将工作面煤壁片帮、漏顶大致表述为:工作面煤壁片帮—工作面顶板失去下方煤壁支撑,发生漏顶现象—工作面支架接顶困难,不能对顶板提供相应的支护阻力—进一步发生片帮、漏顶现象。该过程循环往复,造成工作面逐渐抬高,从而影响工作面安全生产。由此也可以看出,工作面煤壁片帮失稳是顶板失稳的主要原因,因此,解决方法的核心在于"立帮"。也就是说,控制工作面煤壁片帮、漏顶问题的重点在于提高工作面煤壁的稳定性,以减少煤壁片帮频率及程度,提高工作面煤壁对于顶板的支撑作用,进而控制漏顶问题。

为了进一步分析工作面煤壁稳定性对于控制顶板问题的重要性,通过数值计算的方法进行分析。采用前述建立的赵庄矿 1307 大采高工作面计算模型,通过改变煤体强度参数,以达到模拟工作面煤壁对顶板支撑作用的目的,考察不同工作面煤壁强度条件下顶板岩层的塑性破坏情况,进而分析煤壁稳定性对于顶板的控制作用。

数值计算分为 5 个方案,在前 4 个方案中改变煤体力学参数,用以分析煤体强度参数值增大后对于工作面前方煤体及顶板岩层塑性破坏情况的影响;在方案五中,保持煤体参数与方案一中煤体参数一致,仅改变顶板岩层强度参数,用以对比分析增大顶板岩层强度参数值对于煤岩体塑性破坏的影响,进而分析加固煤层或顶板岩层对于煤岩体塑性破坏的影响。不同计算方案的煤体参数如表 4-2 所示。

表 4-2　不同计算方案的煤体参数

计算方案	煤 体 参 数				
	体积模量 K /GPa	剪切模量 G /GPa	内摩擦角 φ /(°)	内聚力 C	密度/ (kg/m³)
方案一	6.9	0.2	12	5.3	1 400
方案二	7.9	1.2	15	7.3	1 400
方案三	8.9	2.2	18	8.3	1 400
方案四	9.9	3.2	21	9.3	1 400
方案五	煤体参数与方案一中的保持一致,直接顶岩层参数值较方案一中的均增大 50%				

在计算模型中还对控顶距后方的工作面顶板施加向上的垂直作用力,用以模拟支架提供的支撑力,对各个方案进行计算后的工作面煤壁及顶板塑性破坏情况如图 4-18 所示。

由图 4-18 数值计算结果可以看出,随着煤体强度的增大,工作面煤壁及顶板岩层的塑性破坏程度及范围逐渐减小。具体来说,在方案一中,煤体强度最小,煤壁及顶板岩层塑性破坏程度最大,工作面煤壁塑性破坏范围达到了 3.5 m,破坏状态包括正在发展中的拉伸、剪切破坏和已经发生的拉伸、剪切破坏,顶板岩层塑性破坏范围高度覆盖了整个直接顶岩层,破坏范围宽度达到了

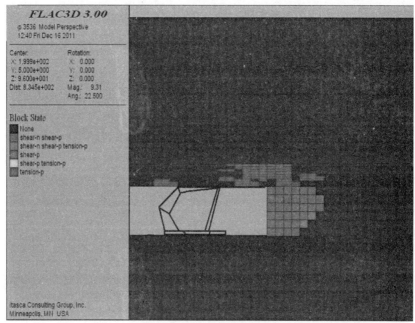

(a) 方案一

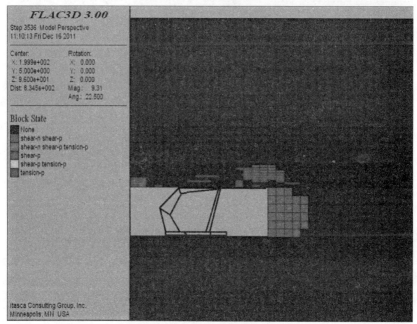

(b) 方案二

图 4-18 数值计算结果

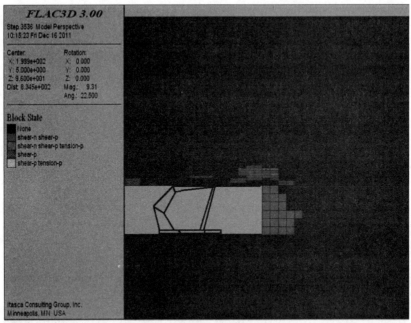

（c）方案三

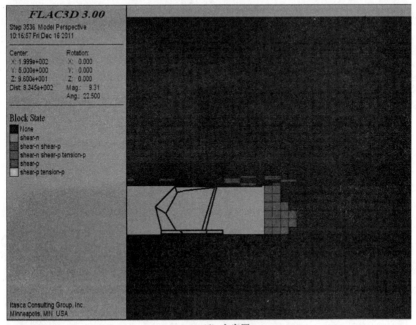

（d）方案四

图 4-18（续）

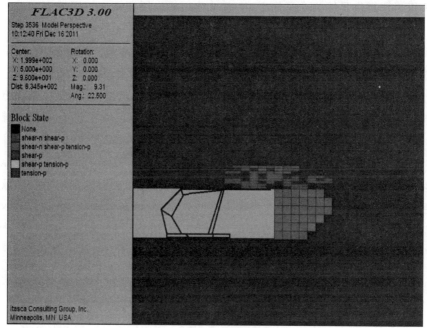

(e) 方案五

图 4-18(续)

约 7 m,且塑性破坏状态复杂。在方案二中,煤体强度参数较方案一的有所增大,煤壁和顶板岩层的塑性破坏范围明显减小,煤壁的塑性破坏范围减小至约 2.5 m,顶板岩层的塑性破坏区域宽度约 5.5 m。在方案三中,煤体强度参数进一步增大,煤壁及顶板岩层的塑性破坏范围进一步减小,煤壁的塑性破坏范围减小至约 2.0 m,顶板岩层塑性破坏区域的宽度约 4.0 m,煤壁和顶板岩层塑性破坏状态仍然包括正在发展中的拉伸、剪切破坏和已经发生的拉伸、剪切破坏。在方案四中,煤体强度参数最大,工作面煤壁及顶板岩层的塑性破坏范围最小,煤壁的塑性破坏深度约 2.0 m,顶板岩层中也仅存在少量的塑性破坏区域,且煤壁及顶板岩层塑性破坏区域内仅存在正在发展中的拉伸、剪切破坏,从而大大降低了塑性破坏程度,也大大降低了煤壁片帮、漏顶等问题发生的可能性。在方案五中,煤体参数保持与方案一中的一致,顶板参数值较方案一中的均增加了 50%,工作面前方煤体的塑性破坏情况与方案一中的基本类似,顶板岩层的塑性破坏情况较方案一中的并没有明显改善。究其原因,虽然增大了数值计算模型中的顶板岩层参数,但是工作面前方煤体强度不够、塑性破坏严重,不能够对顶板岩层提供足够的支撑作用,从而导致顶板岩层塑性破坏区域大部分呈现拉伸破坏状态。由此也可以看出,仅靠加固顶板岩层并不能很好地解决工作面煤壁片帮、漏顶问题,解决该问题的主要手段是增大工作面煤壁的强度,以保证工作面煤壁较好的完整性,从而对顶板提供有效的支撑作用。

由此可以看出,加大工作面煤体强度,不仅可对提高煤壁强度、控制煤壁片帮起到较好的应用效果,而且也可保证工作面煤壁为顶板提供有效的支撑作用,有效地降低顶板岩层的塑性破坏程度,有效地控制漏顶问题的发生。这也进一步说明,工作面煤壁片帮是导致漏顶的根源问题,控制的重点在于控制工作面煤壁的稳定性,确立"煤帮为主、兼顾顶板"的思想,进而确定将钻孔位置布置在煤体中,主要对工作面前方煤体进行注浆加固;同时兼顾顶板控制,建议在布置钻孔时,对钻孔设置一定的仰角,以保证钻孔的后段能够布置在顶板岩层中,从而对顶板岩层也起到一定的加固效果。

4.3 大采高工作面超前支承压力区注浆时机分析

对工作面深孔注浆的合理注浆时机和区域进行分析选择,主要是为了满足浆液的可注性,使得注浆时机与浆液性能相适应,提高浆液与煤岩体的胶结程度,进而提高注浆加固效果。本节主要通过数值计算和现场试验的方法分析工作面深孔注浆的合理注浆时机和区域。

(1)数值计算分析

在数值计算中,通过分析工作面超前支承压力数据可知,大采高工作面超前支承压力的影响范围约为工作面前方 55 m,其中,剧烈影响范围约为工作面前方 25 m,超前支承压力的峰值约为 29.7 MPa,峰值位置约为工作面前方 8 m处。大采高工作面超前支承压力分区特征如图 4-19 所示。

由图 4-19 可知,可以将工作面超前支承压力区分为四个区域:

① 应力降低区,位于工作面前方 0～4 m。该区域为工作面前方应力降低区域,也是现场工作面前方煤体破碎最严重区域,煤体内部纵横裂隙发育程度高,甚至会出现煤体的整块片帮和脱落,不适合注浆作业。

② 剧烈影响区,位于工作面前方 4～25 m。该区域为工作面超前支承压力的剧烈影响区域,在该区域内,应力急剧增长至峰值,随后又急剧降低,应力对该区域内的煤体作用最为强烈,高应力作用使得煤体破碎,裂隙发育明显,较有利于浆液的注进和扩散,但是应力作用程度高,造成煤体破碎严重,会导致注浆过程中出

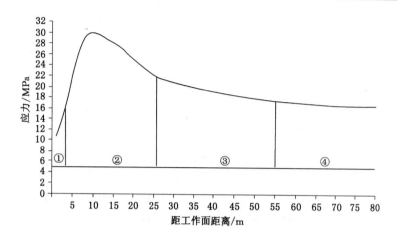

图 4-19 工作面超前支承压力分区特征

现较为严重的漏浆现象。若在此区域内进行注浆作业,则会对钻孔封孔及注浆堵漏等环节提出很高的作业要求,以至于影响现场注浆施工和注浆效果。

③ 缓慢降低区,位于工作面前方 25～55 m。该区域为工作面超前支承压力影响区的前段,巷道变形缓慢增大,应力缓慢降低并对该区域内的煤体产生持续作用,煤体裂隙发育程度较剧烈影响区低,宜配合高压、大流量注浆,漏浆现象会明显改善,注浆效果较好。

④ 原岩应力区,位于工作面前方 55 m 以外。该区域内的煤体应力逐渐降低至原岩应力,煤体完整性较好,裂隙不发育,实施注浆较为困难,不宜在该区域进行注浆作业。

由以上对超前支承压力不同作用区域内的煤体破碎情况、注浆施工难易程度等因素综合分析可得,工作面前方煤体内实施注浆的合理时机应该选取在工作面超前支承压力的缓慢降低阶段,即将工作面超前注浆的合理注浆区域选择在工作面前方 30～40 m 范围。

(2) 深孔注浆试验分析

在大采高工作面回采巷道中共施工钻孔 34 个,钻孔孔径 75 mm,钻孔间距 5 m,最终钻孔施工深度基本在 80～100 m,钻孔布置情况如图 4-20 所示。

为了能够准确地统计出距工作面不同距离条件下的钻孔注浆量,进而分析出最佳注浆时机,对所布置深孔进行 6 组注浆试验。其中,1♯、2♯钻孔为第一组,钻孔距工作面 20 m 时进行注浆施工;5♯、6♯钻孔为第二组,钻孔距工作面 25 m 时进行注浆施工;9♯、10♯钻孔为第三组,钻孔距工作面 30 m 时进行注

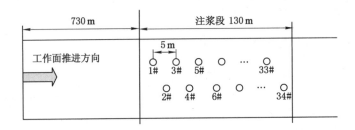

图 4-20　13071 巷中试验钻孔布置图

浆施工;13♯、14♯钻孔为第四组,钻孔距工作面 35 m 时进行注浆施工;17♯、18♯钻孔为第五组,钻孔距工作面 40 m 时进行注浆施工;21♯、22♯钻孔为第六组,钻孔距工作面 45 m 时进行注浆施工。各个钻孔注浆量统计如表 4-3 所示,试验钻孔注浆量统计直方图如图 4-21 所示。

表 4-3　大采高工作面试验钻孔注浆量统计

钻孔编号	1♯	2♯	3♯	4♯	5♯	6♯	7♯	8♯	9♯	10♯	11♯	12♯
注浆量/袋	140	152	184	44	158	139	88	96	141	152	60	94
钻孔编号	13♯	14♯	15♯	16♯	17♯	18♯	19♯	20♯	21♯	22♯	23♯	24♯
注浆量/袋	174	156	174	164	159	145	74	112	48	102	98	120
钻孔编号	25♯	26♯	27♯	28♯	29♯	30♯	31♯	32♯	33♯	34♯		
注浆量(袋)	114	126	120	120	124	104	96	102	102	114		

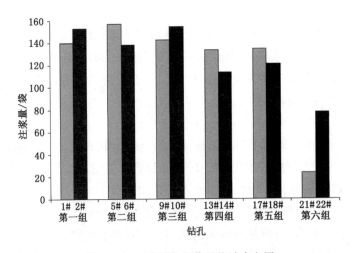

图 4-21　试验钻孔注浆量统计直方图

结合表 4-3 及图 4-21 可以看出,试验钻孔共消耗注浆材料 4 096 袋,共 107.675 t,钻孔注浆量较大值主要集中在前五组钻孔,即在钻孔距工作面 20～ 40 m 范围内注浆时,钻孔注浆量较大。由此可以分析得出,在工作面前方 20～ 40 m 范围内煤体中裂隙发育程度较高,注浆量较大。通过跟踪现场注浆情况 发现,工作面前方 20～30 m 范围内的煤体受工作面超前支承压力作用明显,煤 体中裂隙发育程度较高,同时考虑工作面推进速度较快,因此将工作面深孔注 浆的合理区域确定在超前工作面 30～40 m 范围内。

4.4　深孔注浆材料性能需求

通过上述分析,本研究计划采用水泥类浆液,通过深孔注浆的方式对工作 面前方煤体及顶板进行注浆加固。对深孔注浆材料基本性能提出了一系列 要求:

(1) 细度要求。由于本次深孔注浆采用的是水泥类浆液,因此对材料细度 提出一定的要求。若材料细度不够,则在浆液搅拌过程中会出现较大的粉料颗 粒团抱现象,从而导致浆液不能充分搅拌,甚至会出现大量的沉淀现象。同时, 由于钻孔深度大,为了保证浆液在细微裂隙中运动不会因物料颗粒大而出现 水、料分离现象,也需要对材料细度提出一定的要求。

(2) 流动性要求。深孔注浆钻孔长度大,最长可达 150 m,造成浆液流动运 行距离长,这就需要材料能够满足足够的流动时间要求。若材料失流硬化时间 太短,则会造成材料无法顺利到达煤岩体深部,甚至会在钻孔中发生凝固,造成 堵孔现象;但是,材料失流硬化时间又不能过长,否则会造成漏浆问题。因此, 深孔注浆材料需保证一定的流动度,从而使材料能够满足深孔注浆工程需求。

(3) 强度需求。由前述分析可知,工作面煤壁片帮是漏顶现象的主要原因, 甚至还会造成"片帮—漏顶—片帮—漏顶"现象的反复发生,控制重点应该是加 强工作面煤壁稳定性,以对顶板提供足够的支撑作用,防止漏顶现象发生。这 就需要注浆材料能够满足高强度特性,使得浆液与煤岩体黏结后能够保持较高 的强度,提高煤壁的整体稳定性,满足工作面煤壁的稳定性需求,从而既能防止 煤壁片帮现象的发生,又能对顶板提供支撑作用,防止漏顶现象发生。

(4) 强度快速增长需求。该深孔注浆工程是在大采高工作面推进过程中进 行的,大采高工作面本身就具备采高大、开采强度大、矿压显现剧烈等特点,同 时工作面推进速度快也是大采高工作面的一个显著特点,往往推进速度可以达到 10 m/d,若在超前工作面 30～40 m 范围内进行注浆,则除去打钻和注浆作业时间,给浆液留出的强度增长时间仅有 2～3 d,因此,就需要浆液在进入煤岩体裂隙中后强度能够快速增长,保证浆液强度在 2～3 d 内快速增长至最终强度,以在工作面到达注浆加固区域之前保障煤岩体强度和稳定性。

(5)快速堵漏材料性能需求。根据以往注浆施工作业经验可知,在注浆过程中,表层裂隙发育程度高,纵横裂隙贯通情况严重,不可避免地会出现表层漏浆问题。深孔注浆工程钻孔施工量大、钻孔深度大、注浆量大,漏浆问题会更为严重。因此,还需要研发快速堵漏材料,满足浆液快凝快硬特性,以保证在深孔注浆施工过程中出现严重漏浆问题时能够快速堵漏,促进深孔注浆工程的顺利进行。

4.5 深孔注浆实施方式要点

有关深孔注浆实施方面,考虑现场实际工程问题,主要对深孔注浆工程提出了以下几点建议:

(1)考虑现场大采高工作面生产任务重、工作量大,而对于注浆钻孔布置方式来讲,对工作面超前煤体进行注浆效果最好的当属在工作面煤壁布置钻孔注浆;但通过以往的现场经验可知,直接在工作面煤壁进行注浆工序相对较为烦琐,且注浆设备较多,对工作面生产会造成相当大的影响。因此,建议在工作面两巷内向工作面实体煤侧布置深孔注浆,以达到对工作面超前支承压力区煤体及顶板岩层进行注浆加固的效果。

(2)由于大采高工作面现场推进速度快,往往推进速度可以达到 10 m/d,深孔钻进过程不易控制,成孔时间长,且深孔注浆量大,注浆作业及浆液强度增大均需要大量的时间保证,因此,建议将钻孔布置位置尽量远离工作面,以给钻孔施工、注浆作业、材料性能发挥等提供足够的时间,必要时,可以选择提前在工作面两巷内向工作面煤体中布置钻孔,待工作面超前支承压力作用至钻孔区域时再进行注浆作业。

(3)现场深孔钻进工程不仅工程量大,需消耗大量的人力、物力,而且受现场地质条件、工人操作水平等因素影响较大,钻孔钻进深度难以保证。因此,在条件允许的情况下,建议采用工作面瓦斯抽采钻孔、物探钻孔和深孔注浆相结合的方法,利用矿方布置的瓦斯抽采钻孔、物探钻孔,前期为瓦斯抽采、物探工作服务,待后期进入超前支承压力区后作为注浆钻孔进行深孔注浆作业。

5 新型无机注浆材料研发

5.1 深孔注浆材料研究现状

水泥浆材结石体强度高、造价低廉、材料来源丰富、浆液配制方便、操作简单,但是由于普通水泥颗粒粒径大,这种浆液一般只能注入直径或宽度大于 0.2 mm 的孔隙或裂隙中。近年来,随着人们研制出各种改善水泥类浆液的可注性、凝胶时间及提高结石体早期强度和稳定性的化学添加剂,水泥浆液的应用范围才得到扩大。目前,水泥类浆液是注浆工程中应用最多、使用最广的一种注浆材料。

近年来,日本和我国先后研制出超细水泥,超细水泥浆液能渗入渗透系数为 4~10 cm/s 的粉砂岩和细砂岩中,其可注性与化学浆液相当。超细水泥浆液具有普通水泥浆液和化学浆液的优点,是一种具有广泛应用前景的注浆材料。

5.2 深孔注浆材料配比研究

5.2.1 配比研究

深孔注浆材料基料为硅酸盐水泥,浆液保持流动性与早凝、早强是一对矛盾因素。在实验室通过试验复合添加剂调整浆液性能,使其满足工程需要。

5.2.1.1 试验材料

(1)强度等级为 52.5 的普通硅酸盐水泥

单液注浆材料原料为强度等级为 52.5 的普通硅酸盐水泥,经过 SCM12544 型超细微粉磨研磨到 1 000~1 500 目,最大可达 2 000 目以上。

(2)复合缓凝剂

自配。

(3)复合早强剂

自配。

5.2.1.2 试验配比研究

试验发现,复合缓凝剂对材料流动度、凝结时间影响较大,对强度影响不大;而复合早强剂主要影响强度,对流动度、凝结时间基本无影响。因此,试验只需对两种添加剂分别进行研究。

(1)复合缓凝剂掺量对流动度的影响

为了探明复合缓凝剂对无机单液注浆材料性能的影响,分别检测不同掺量的复合缓凝剂对无机单液注浆材料流动度和凝结时间的影响。根据现场施工情况和材料性能,将材料施工水灰比确定为 0.6:1,在此基础上,通过添加不同比例的复合缓凝剂,研究材料浆液流动度的变化规律。测试结果如表 5-1 所示。

表 5-1　不同复合缓凝剂掺量对浆液流动度的影响

复合缓凝剂掺量/%	0	0.5	1.0	1.5	2.0	2.5
流动度/mm	153	180	200	215	225	234

由试验数据可以看出,随着复合缓凝剂掺量的增加,单液浆液流动度逐渐增大,但随着复合缓凝剂掺量的不断增大,浆液流动度变化趋势减缓。在试验过程中发现,在复合缓凝剂掺量达到 2.5% 时,浆液出现少量泌水。为了保证浆液具有较好的性能,单从流动度性能来看,复合缓凝剂掺量不能超过 2.5%。

复合缓凝剂不仅对流动度有影响,而且也会影响材料浆液的凝结时间。根据现场施工需要,通过掺入不同比例的复合缓凝剂,对材料凝结时间进行研究,结果如表 5-2 所示。

表 5-2　不同复合缓凝剂掺量对浆液凝结时间的影响

复合缓凝剂掺量/%	凝结时间/h	
	初凝时间	终凝时间
0	2.0	6.5
0.5	2.2	7.5
1.0	2.5	8.0
1.5	2.8	9.0
2.0	3.2	11.0
2.5	4.0	14.0

　　由试验结果可以看出,复合缓凝剂掺量对浆液凝结时间产生较大影响。随着复合缓凝剂掺量的增加,初凝时间和终凝时间逐渐延长,且随着掺入量的不断增加,对凝结时间的影响逐渐变大。根据现场对材料的要求,浆液3.2 h初凝可以满足要求;11 h终凝不仅能满足材料的扩散要求,而且能有效地防止漏浆。因此,将复合缓凝剂掺量确定为2%。

　　(2) 复合早强剂掺量对强度的影响

　　为了探明复合早强剂对无机单液注浆材料性能的影响,分别检测不同掺量的复合早强剂对固结体强度的影响,结果如表5-3所示。

表 5-3　不同复合早强剂掺量对固结体单轴抗压强度的影响

复合早强剂掺量/%	单轴抗压强度/MPa		
	1 d	3 d	7 d
0	8	12	24
1.0	16.5	20	25
2.0	18	22	27
3.0	18.5	23	27

　　由试验数据可以看出,随着复合早强剂掺量的增加,固结体的单轴抗压强度不断增大,但在掺量达到2%时,固结体强度增加趋势变缓。从材料成本角度考虑,将复合早强剂掺量确定为2%。

5.2.2　性能测试

　　在实验室条件下对已确定配比的无机单液注浆材料性能进行测试。

　　(1) 流动度测试

　　在实验室采用净浆流动度试模对单液注浆材料在不同放置时间下的流动度进行测试。净浆流动度试模为标准高精度截锥圆模(尺寸为 ϕ36 mm×ϕ60 mm×60 mm,即模腔上截面直径为 36 mm,下截面直径为 60 mm,高度为60 mm),其材质为铸铁镀铜。浆液流动度测试结果见图5-1。

　　(2) 凝结时间测试

　　在实验室条件下,对浆液的凝结时间进行测定,测定结果如表5-4所示。

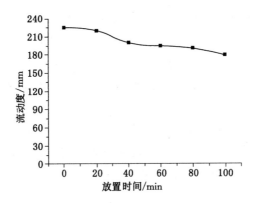

图 5-1 净浆流动度测试结果

表 5-4 浆液凝结时间测定结果

添加剂	凝结时间/h	
	初凝时间	终凝时间
2%复合缓凝剂、2%复合早强剂	3.2	11

（3）强度测试

为了对材料抗压强度进行测定,将材料成样后,使用养护箱在标准养护条件下养护,然后采用电液式抗折抗压试验机测试 1 d、3 d、7 d 龄期固结体的单轴抗压强度。在实验室测得不同水灰比条件下固结体单轴抗压强度如表 5-5 和图 5-2所示。

表 5-5 不同水灰比条件下固结体单轴抗压强度

水灰比	单轴抗压强度/MPa		
	1 d	3 d	7 d
0.5∶1	25.2	44.3	47.1
0.6∶1	21.5	36.4	42.3
0.7∶1	14.3	27.8	36.6
0.8∶1	9.2	18.7	25.4

5.2.3 深孔注浆材料性能汇总

（1）材料命名

该深孔注浆材料被命名为联邦加固Ⅰ号(单液)材料,是一种无机注浆材

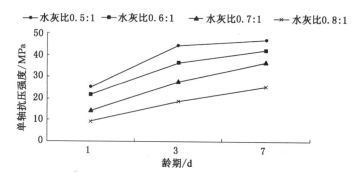

图 5-2　不同水灰比条件下固结体单轴抗压强度曲线

料,以超细硅酸盐水泥为主要成分,是一种高强高渗透性无机注浆材料,其施工特性、早期强度与对煤岩体固结能力较普通硅酸盐水泥有很大提高。该材料适合对含大型地质构造区域、超前支承压力区以及喷层巷道实施深孔注浆加固。

（2）加工生产

材料基料为强度等级为 52.5 的普通硅酸盐水泥,经过 SCM12544 型超细微粉磨研磨到 1 000～1 500 目,最大可达 2 000 目以上。

SCM 系列超细微粉磨是一种细粉及超细粉的加工设备,它主要适用于中、低硬度,如莫氏硬度≤6 级的非易燃易爆的脆性物料,具有高效、易损件寿命长、安全可靠、产品细度高、环保等特点。SCM 系列微粉磨系统由主机、选粉机、集粉器、除尘器、风机、消声器、隔音室等部分组成。SCM12544 型超细微粉磨如图 5-3 所示,其主要技术参数见表 5-6。

图 5-3　SCM12544 型超细微粉磨外观

表 5-6　SCM12544 型超细微粉磨主要技术参数

项　目	参　数
型号	SCM12544
平均工作直径/mm	1250
环道数量/层	4
磨辊数量/个	44
主轴转速/(r/min)	135～155
入料粒度/mm	≤15

超细材料经过研磨设备研磨加工后,加入一定比例的复合添加剂,混合均匀之后通过输送设备送入全自动化的包装机进行小包装处理。材料加工工艺流程如图 5-4 所示。

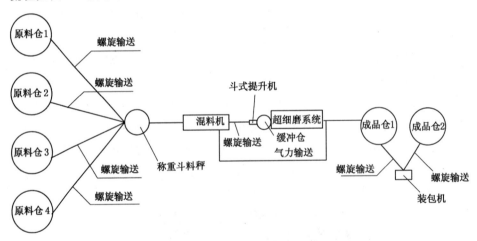

图 5-4　联邦加固Ⅰ号(单液)材料加工工艺流程

(3) 材料性能

联邦加固Ⅰ号(单液)材料是一种无机材料,呈干粉状,无毒性、无腐蚀性,包装规格 25 kg/包。其水灰比为 0.6：1,材料加水搅拌后 30～40 min 以内流动性较好,之后逐渐稠化,2～3 h 完全失去流动性,初凝时间不少于 3.2 h,能够满足深孔注浆长时间施工需要,约 10 h 完全固化,之后强度快速增长。

材料主要优点有:

① 流动性好,浆液可充分流动,满足深孔较长时间扩散要求。

② 细度高,为 1 000～1 500 目,最大可达 2 000 目以上,在细微裂隙中流动

不会因物料颗粒大而出现水、料分离现象。

③ 扩散范围大,浆液渗透半径达 5~8 m,能确保工程质量。

④ 强度高、增长快,1 d 抗压强度 21.5 MPa,3 d 抗压强度 36.4 MPa,7 d 抗压强度 42.3 MPa,最终强度可达 45 MPa,3 d 抗压强度即达到了最终强度的 80%。

(4) 工程应用范围

① 地质构造区深孔预注浆。断层影响区、陷落柱边缘地带以及仰采区域等往往容易造成工作面片帮严重,甚至诱发冒顶,采用深孔预注浆方式可以最大限度地消除其对开采的影响,节约注浆材料费用。

② 超前支承压力区深孔注浆。大采高工作面深孔注浆可以有效防止煤壁片帮、冒顶,对生产影响最小,但是原始煤体可注性较差、注浆效果不好,而超前支承压力影响区域煤体裂隙较为发育、可注性提高,采用提前成孔、封孔方式在采动影响区内注浆可获得良好的注浆效果。该材料具备良好的可注性及强度增长特性,可以满足工作面快速推进的需要。

③ 壁后注浆加固。对表面有喷浆的井巷工程,注浆加固可以快速改善围岩承载状态,也能够堵塞裂隙渗水。

(5) 现场施工方法

在现场根据设计水灰比,将联邦加固Ⅰ号(单液)材料加水搅拌,通过气动、液压、电动单液注浆泵进行施工。联邦加固Ⅰ号(单液)材料浆液流动性好,围岩浅层破碎区容易漏浆,难以封堵。为防止漏浆,应注意以下几点:

① 深孔注浆封孔长度和质量必须满足要求。封孔长度应大于塑性区深度,封孔应充满填实。

② 壁后注浆喷层要足够厚、密实。喷层能大幅度减少漏浆的发生,当注浆压力逐渐升高时,要求喷层能够承受一定的压力。

③ 严格控制水灰比。单液材料性能受水灰比影响很大,现场施工应控制好水灰比。

④ 浆液不可长时间存放。当浆液存放时间预计超过 2 h 时,应将剩余浆液清理,否则浆液失流后不易清理。

(6) 成本控制

深孔注浆材料成本构成主要包括原材料采购费、材料加工人工费、设备折旧费、材料检验及调整费、税费、水电费等,经计算,材料成本能够控制在 3 000 元/t 以内。

5.3 双液封孔材料简介

深孔注浆采用的封孔材料为联邦加固Ⅰ号（双液）材料，它是一种新型双液无机注浆材料，组成材料全部为无机矿粉，具备不自燃、无毒、无腐蚀、无污染特性，是完全环保型注浆材料，是一种快凝、早强型注浆材料，同时也具备较强的可注性，较为适合巷道破碎围岩、采掘工作面注浆加固。

联邦加固Ⅰ号（双液）材料性能主要表现为快凝、早强、高渗透性、结石率高等，凝结时间和胶结强度可调。具体如下：

（1）两种浆液在混合前，6 h内不凝固、不泌水、不沉淀；

（2）两种浆液混合后，3～15 min胶凝；

（3）浆液在(0.8～2)∶1水灰比下结石率可达100%；

（4）浆液扩散范围广，扩散半径可达3～6 m，注浆加固效果好；

（5）试样2 h的强度能达到8～15 MPa，不同水灰比条件下净浆固结强度如表5-7所示。

表5-7 联邦加固Ⅰ号（双液）材料固结体单轴抗压强度对比

水灰比	单轴抗压强度/MPa					
	2 h	4 h	8 h	24 h	3 d	28 d
0.6∶1	16.3	20.5	21.7	22.3	22.8	23.2
0.8∶1	12.8	13.8	14.6	14.8	15.7	17.5
1∶1	9.6	10.5	11.4	11.9	12.5	14.7
1.2∶1	7.5	8.2	9.6	10.5	11.6	12.7

5.4 双液缓凝材料（深孔注浆堵漏材料）

5.4.1 研发目的

为满足施工需要，要求深孔单液注浆材料在2 h以内保持较好的流动性，由于钻孔内浅部距离煤体表面较近，如果封孔长度不足，或者巷道未作喷层处理，则非常可能在钻孔周边出现漏浆问题，而材料在2 h内不凝，漏浆难以封堵，只能终止注浆,从而造成注浆失败。因此,必须配合一种能够快速堵漏的材料进行辅助施工,从而能够在出现漏浆时注入,短时间内凝固堵漏。

5.4.2 双液缓凝材料性能要求分析

双液缓凝材料以双液封孔材料为基础进行调整,两者区别在于:

(1)作用范围。双液封孔材料作用范围在钻孔内部距孔口 20 m 或更浅位置,双液缓凝材料作用位置在围岩表面至内部 30～40 m 范围。

(2)使用时机。双液封孔材料用于成孔后立即封孔。而双液缓凝材料的使用有两个时机:一是在成孔 30～40 m 后使用,反复注浆、充分扩散,在围岩表面至内部 30～40 m 范围形成止浆层,从而有利于后期深孔注浆材料注浆堵漏;二是在封孔后即进行深孔注浆材料注浆,双液缓凝材料作为配合辅助材料在漏浆时使用。

(3)流动性。双液封孔材料封孔距离短,一般不超过 20 m,要求其能快速凝固封孔,胶凝时间控制在 3～15 min;而双液缓凝材料扩散距离较远,同时具备堵漏功能,要求其失去流动性时间在 15 min 左右,硬化时间在 40～50 min 以内。

(4)水灰比及强度。一般情况下,水灰比越小,凝结时间越短,强度越高。要求两种材料均具备较高的强度。双液封孔材料本身采用的水灰比较小,凝结时间较短、强度较高;对双液缓凝材料提出的要求是低水灰比,以保证强度,延长失去流动性时间,尽量不影响硬化时间。

5.4.3 双液缓凝材料配比研究

在双液注浆材料的基础上,通过调整添加剂,研发了双液缓凝材料,综合考虑施工性能,水灰比为 1:1,失去流动性时间为 10～15 min,硬化时间为 40～50 min,2 h 强度为 8.5 MPa,最终强度为 12.9 MPa。

5.4.3.1 试验材料

(1)硫铝酸盐水泥熟料

购买于郑州。

(2)无水石膏

购买于安徽。

(3)复合缓凝剂 A

自配。

（4）速凝剂 B

自配。

5.4.3.2　试验配比研究

复合缓凝剂 A 作用于硫铝酸盐水泥熟料,即 A 料中;速凝剂 B 作用于无水石膏,即 B 料中。为保证材料早期强度,对早强剂不作调整,仅调整缓凝剂和速凝剂。速凝剂 B 原掺量 2%,复合缓凝剂 A 原掺量 1.5%。

在水灰比为 1∶1 条件下,不同速凝剂 B 与复合缓凝剂 A 掺量配合情况下浆液失去流动性/硬化时间如表 5-8 所示。

表 5-8　不同速凝剂 B 与复合缓凝剂 A 掺量配合情况下浆液失去流动性/硬化时间

速凝剂 B 掺量/%	（失去流动性/硬化时间）/min			
	复合缓凝剂 A 掺量为 0	复合缓凝剂 A 掺量为 0.5%	复合缓凝剂 A 掺量为 1%	复合缓凝剂 A 掺量为 1.5%
0	45/90	48/100	52/108	60/120
0.5	25/65	26/68	28/70	32/74
1	7/40	10/42	15/45	20/52
1.5	4/18	6/21	7/24	9/28
2	2/13	2.5/13	3/13.5	3.5/14

从试验结果可知,速凝剂 B 掺量不得低于 1%,否则凝结时间过长,复合缓凝剂具有可显著调节凝结时间的作用。确定基础配比为:速凝剂 B 掺量 1%,复合缓凝剂 A 掺量 0.5%～1%,水灰比 1∶1。

5.4.3.3　强度测试

测试结果如表 5-9 所示。

表 5-9　双液缓凝材料固结体单轴抗压强度

水灰比	单轴抗压强度/MPa					
	2 h	4 h	8 h	24 h	3 d	28 d
1∶1	8.5	9.6	10.0	10.5	11.1	12.9

6 大采高工作面构造区超前深孔预注浆技术方案

6.1 材料选择

（1）深孔注浆材料采用自主研发的单液深孔注浆材料,材料细度大,具备很强的渗透性和流动性,24 h强度可达20 MPa以上,能够较好地满足深孔注浆工程施工时间及强度需求。

（2）封孔材料采用联邦加固Ⅰ号（双液）材料,材料为双液组分,其性能优势主要表现为快凝、早强、高渗透性、结石率高等特性,凝结时间和胶结强度可调。

（3）对浅层封闭及漏浆的紧急处理采用自主研发的双液缓凝材料,材料水灰比1∶1,失去流动性时间10～15 min,硬化时间40～50 min,2 h强度8.5 MPa,最终强度12.9 MPa,能够较好地满足深孔注浆堵漏需求。

6.2 钻孔布置方案

6.2.1 工作面槽波地震勘探结果

赵庄矿1307工作面走向长度1 623.2 m,倾斜长度294.7 m,煤层平均厚度4.79 m,采用走向长壁一次采全高后退式自然垮落综合机械化采煤法。

工作面基本顶为2.60 m厚的砂质泥岩层,直接顶为3.87 m厚的泥岩层,直接底为7.69 m厚的泥岩层,老底为1.25 m厚的细粒砂岩层。

综合工作面槽波地震勘探结果及现场状况,将工作面地质异常区域划分为7个,特征描述如表6-1所示。

表 6-1　1307 工作面地质异常区域特征描述

编号	位 置	类 型	影响范围	严重等级
1#	13071 巷	超高区	一阶段开切眼至前方 150 m	影响较小
2#	13071 巷	陷落柱 cyc_{24}、JX_{70}	4 横贯向外 68 m 至 3 横贯往里 8 m	无影响,二阶段开切眼甩过
3#	13071 巷	陷落柱 CX_{21}	二阶段开切眼往外 110 m 至二阶段开切眼往外 180 m,影响范围 70 m	影响较小
4#	13071 巷	陷落柱 JX_{72}	2 横贯往里 60 m 至 2 横贯往里 135 m,影响范围 75 m	影响较小
5#	13071 巷	断层 F_{504}、F_{506}	2 横贯往外 55 m 至 2 横贯往外 140 m,影响范围 85 m	影响较小
6#	13071 巷	超高区	停采线往里 150 m 至停采线往外15 m,影响范围 165 m	影响较大
7#	13072 巷	超高区	停采线往外 15 m 到向里 100 m,影响范围 115 m	影响较大

6.2.2　钻孔布置原则

根据槽波地震勘探情况,工作面构造区基本可以分为三种类型:超高区、陷落柱和断层,应该区分对待:

(1)超高区对工作面安全回采影响最大。超高区是指巷道高度大于 5.5 m 的区域,对于安全回采影响最大,在回采过程中极易发生冒顶,应重点治理,注浆的基本原则是打上下两排孔,对工作面整个倾向范围进行注浆加固。

(2)对断层、陷落柱加固应选择在其与煤体交界面处。由于陷落柱内部的渗透、压缩作用,内部密实,几乎无裂隙,对陷落柱注浆意义不大,加固的重点是陷落柱与煤体的交界面位置,对断层的加固重点也在其与煤体的交界面处。

(3)限制工作面冒顶的根本措施在于加强煤帮的稳定性。煤帮稳定,可以对顶板提供稳定支撑,即使顶板较为破碎,仍能有效限制漏顶范围。

6.2.3　钻孔布置方式

(1)1# 构造区(超高区)

1# 构造区位于一阶段开切眼至前方 150 m,总长 150 m 范围内,在 13071

巷一侧影响较大,在 13072 巷影响不大,仅在 13071 巷内打钻孔。该区域属于初采区域,对工作面回采整体影响不大。

超高区范围巷道高度一般在 5.5~6 m,计划采用上、下两排钻孔深孔注浆方式对工作面煤体及顶板进行加固。

上排钻孔开孔位置距离顶板 1.5 m,下排钻孔开孔位置距离顶板 3 m,仰角均为 1.5°(钻杆每 100 m 自然下垂 1°,终孔位置基本与开孔位置齐平),上、下排钻孔间距均为 10 m,孔径 94 mm,孔深 100 m。钻孔布置如图 6-1 和图 6-2 所示,钻孔施工参数如表 6-2 所示。

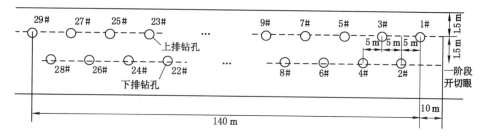

图 6-1　1♯构造区钻孔开孔位置平面图

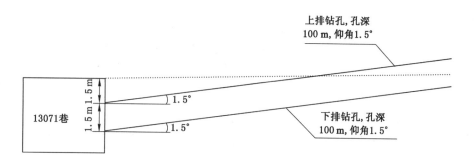

图 6-2　1♯构造区钻孔布置剖面图

表 6-2　钻孔施工参数

钻孔位置	孔深/m	开孔位置	钻孔直径/mm	施工角度/(°)	钻孔数目/个
上排钻孔	100	距顶板 1.5 m	94	1.5(仰角)	15
下排钻孔	100	距顶板 3.0 m	94	1.5(仰角)	14

(2)2♯构造区(陷落柱 cyc_{24}、JX_{70})

2♯构造区在一阶段停采线和二阶段开切眼之间,工作面甩过该区域,无须注浆。

（3）3♯构造区（陷落柱 CX_{21}）

3♯构造区位于二阶段开切眼往外 110 m 至二阶段开切眼往外 180 m，影响范围 70 m。在 13071 巷内打钻孔，打钻范围为陷落柱与煤体两个交界面往两侧各偏移 10 m。

计划采用上、下两排钻孔深孔注浆方式对交界面进行加固。上排钻孔开孔位置距离顶板 1.5 m，下排钻孔开孔位置距离顶板 3 m，仰角均为 1.5°（钻杆每 100 m 自然下垂 1°，终孔位置基本与开孔位置齐平），上、下排钻孔间距均为 10 m，孔径 94 mm，孔深 135 m。钻孔布置如图 6-3、图 6-4 和图 6-5 所示，钻孔施工参数如表 6-3 所示。

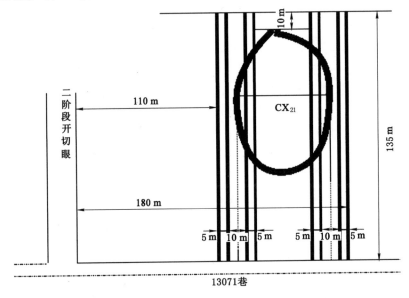

图 6-3　3♯构造区钻孔开孔位置俯视图

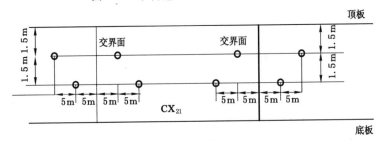

图 6-4　3♯构造区钻孔开孔位置平面图

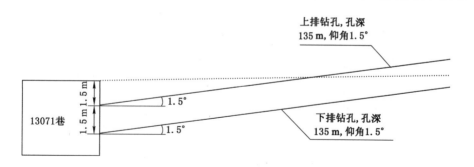

图 6-5 3#构造区钻孔开孔位置剖面图

表 6-3 钻孔施工参数

钻孔位置	孔深/m	开孔位置	钻孔直径/mm	施工角度/(°)	钻孔数目/个
上排钻孔	135	距顶板 1.5 m	94	1.5(仰角)	4
下排钻孔	135	距顶板 3.0 m	94	1.5(仰角)	4

(4)4#构造区(陷落柱 JX_{72})

4#构造区位于 2 横贯往里 60 m 至 2 横贯往里 135 m,影响范围 75 m。在 13071 巷内打钻孔,打钻范围为陷落柱与煤体交界面左右各 10 m。

计划采用上、下两排钻孔深孔注浆方式对交界面进行加固。上排钻孔开孔位置距离顶板 1.5 m,下排钻孔开孔位置距离顶板 3 m,仰角均为 1.5°(钻杆每 100 m 自然下垂 1°,终孔位置基本与开孔位置齐平),上、下排钻孔间距均为 10 m,孔径 94 mm,孔深 60 m。钻孔布置如图 6-6、图 6-7 和图 6-8 所示,钻孔施工参数如表 6-4 所示。

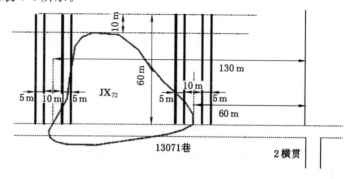

图 6-6 4#构造区钻孔开孔位置俯视图

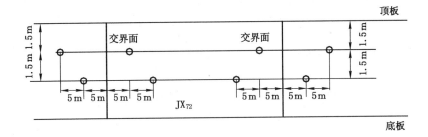

图 6-7 4♯构造区钻孔开孔位置平面图

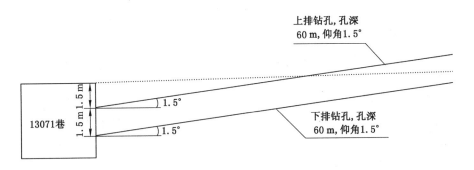

图 6-8 4♯构造区钻孔开孔位置剖面图

表 6-4 钻孔施工参数

钻孔位置	孔深/m	开孔位置	钻孔直径/mm	施工角度/(°)	钻孔数目/个
上排钻孔	60	距顶板 1.5 m	94	1.5(仰角)	4
下排钻孔	60	距顶板 3.0 m	94	1.5(仰角)	4

（5）5♯构造区（断层 F_{504}、F_{506}）

5♯构造区位于 2 横贯往外 55 m 至 2 横贯往外 140 m,影响范围 85 m。在 13071 巷内打钻孔,打钻范围为断层与煤体交界面左右部位。

计划采用上、下两排钻孔深孔注浆方式对交界面进行加固。上排钻孔开孔位置距离顶板 1.5 m,下排钻孔开孔位置距离顶板 3 m,仰角均为 1.5°（钻杆每 100 m 自然下垂 1°,终孔位置基本与开孔位置齐平）,上、下排钻孔间距均为 10 m,孔径 94 mm,孔深 50 m。钻孔布置如图 6-9、图 6-10 和图 6-11 所示,钻孔施工参数如表 6-5 所示。

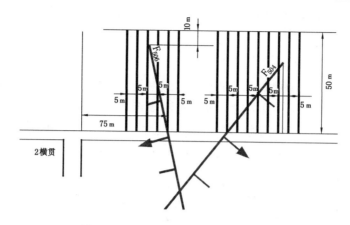

图 6-9　5♯构造区钻孔开孔位置俯视图

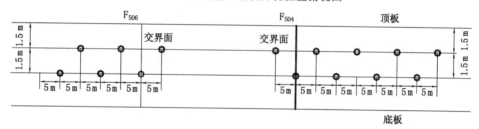

图 6-10　5♯构造区钻孔开孔位置平面图

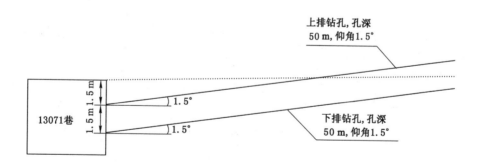

图 6-11　5♯构造区钻孔开孔位置剖面图

表 6-5　钻孔施工参数

钻孔位置	孔深/m	开孔位置	钻孔直径/mm	施工角度/(°)	钻孔数目/个
上排钻孔	50	距顶板1.5 m	94	1.5(仰角)	8
下排钻孔	50	距顶板3.0 m	94	1.5(仰角)	7

（6）6#构造区（超高区）

6#构造区位于停采线往里 150 m 至停采线往外 15 m，影响范围 165 m。打钻范围为 13071 巷内。

计划采用上、下两排钻孔深孔注浆方式对超高区进行加固。上排钻孔开孔位置距离顶板 1.5 m，下排钻孔开孔位置距离顶板 3 m，仰角均为 1.5°（钻杆每 100 m 自然下垂 1°，终孔位置基本与开孔位置齐平），上、下排钻孔间距均为 6 m，孔径 94 mm，孔深 140 m。钻孔布置见图 6-12 和图 6-13，钻孔施工参数如表 6-6 所示。

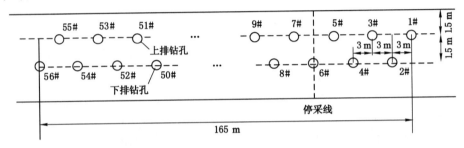

图 6-12　6#构造区钻孔开孔位置平面图

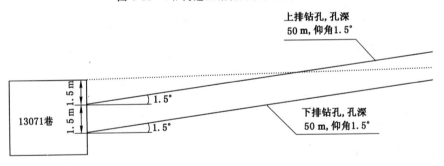

图 6-13　6#构造区钻孔布置剖面图

表 6-6　钻孔施工参数

钻孔位置	孔深/m	开孔位置	钻孔直径/mm	施工角度/(°)	钻孔数目/个
上排钻孔	140	距顶板 1.5 m	94	1.5（仰角）	28
下排钻孔	140	距顶板 3.0 m	94	1.5（仰角）	28

（7）7#构造区（超高区）

7#构造区位于停采线往外 15 m 到向里 100 m，影响范围 115 m。打钻范围为 13072 巷内。

　　计划采用上、下两排钻孔深孔注浆方式对超高区进行加固。下排钻孔开孔位置距离底板 2.5 m，上排钻孔开孔位置距离底板 4.5 m，仰角均为 1.5°（钻杆每 100 m 自然下垂 1°，终孔位置基本与开孔位置齐平），上、下排钻孔间距均为 6 m，孔径 94 mm，孔深 140 m。钻孔布置见图 6-14 和图 6-15，钻孔施工参数如表 6-7 所示。

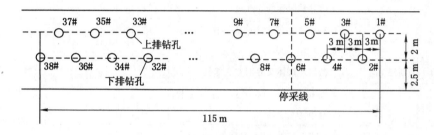

图 6-14　7♯构造区钻孔开孔位置平面图

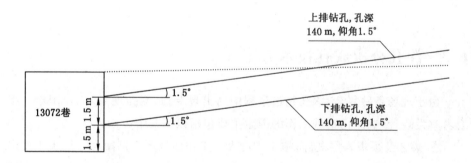

图 6-15　7♯构造区钻孔布置剖面图

表 6-7　钻孔施工参数

钻孔位置	孔深/m	开孔位置	钻孔直径/mm	施工角度/(°)	钻孔数目/个
上排钻孔	140	距底板 2.5 m	94	1.5(仰角)	19
下排钻孔	140	距底板 4.5 m	94	1.5(仰角)	19

　　钻孔数量及施工参数汇总见表 6-8。

表 6-8　钻孔数量及施工参数

编号	类型	注浆范围	孔深/m	平均孔距/m	钻孔数目/个
1#	超高区	一阶段开切眼至前方 150 m	100	5	29
2#	陷落柱 cyc₂₄、JX₇₀				
3#	陷落柱 CX₂₁	二阶段开切眼往外 110 m 至二阶段开切眼往外 180 m	135	5	8
4#	陷落柱 JX₇₂	2 横贯往里 60 m 至 2 横贯往里 135 m	60	5	8
5#	断层 F₅₀₄、F₅₀₆	断层与煤体交界面左右部位	50	5	15
6#	超高区	停采线往里 150 m 至停采线往外 15 m	140	3	56
7#	超高区	停采线往外 15 m 到向里 100 m	140	3	38
合计					154

6.3　深孔分次成孔技术方案

由于现场条件复杂,深孔钻进过程中易出现卡钻、塌孔现象,成孔困难。综合考察发现,影响深孔钻进工作的因素主要包括以下几个方面:

① 煤体及顶板岩层破碎,施工难度大。工作面煤层上部赋存一层极不稳定的泥岩(伪顶),且伪顶岩层遇水泥化特性明显,从而造成煤岩体破碎,且初步探明,钻孔施工区域为瓦斯富集区,同时也是构造应力区,这就加大了煤体和顶板岩层的破碎程度,增加了深孔钻进成孔难度。

② 钻孔注浆过程中漏浆严重。钻孔施工区域煤岩体破碎,裂隙发育程度高,且分布大量瓦斯抽采孔,形成浆液流动通道,造成钻孔注浆过程中漏浆严重,深孔注浆时更甚,从而极大地影响了深孔钻进施工。

出于上述问题考虑,通过现场反复摸索试验,最终形成了深孔钻进的"分次成孔"技术。该技术大致可以表述为"分段成孔、分段注浆",成孔技术步骤如下:

① 钻孔钻进、注浆等相关设备就位,钻进工作准备。

② 先用 ϕ133 mm 钻头钻进 3 m,然后退钻,下套筒,套筒分两节,每节长度

1.5 m,套筒外端焊高压法兰(高压法兰耐压强度 15 MPa),如图 6-16 所示。

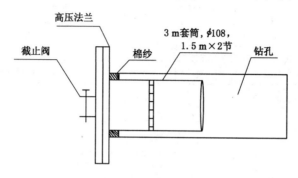

图 6-16 下套筒示意图

③ 下套筒后,连接法兰一次注浆,加固孔口,填充套筒周边缝隙。

④ 注浆 1 h 后,换 ϕ75 mm 钻头,开钻套孔,如果钻孔深度远小于预计深度而出现不返水、卡钻情况,则应退钻,重新上法兰,注浆,再次套孔,重复注浆、套孔工序,直到各钻孔深度达到设计值为止。

⑤ 在钻孔达到设计深度后,插管封孔注浆,外部 10 m 采用钢管,内部采用 PVC 管,封孔长度 10 m。

6.4 深孔封孔技术方案

煤体中的深孔都是提前施工的,待钻孔进入裂隙区后再连管注浆,因此,钻孔封孔尤为重要。封孔效果直接影响注浆加固效果,采用套管封孔会影响工作面回采。因此,在孔口管采用 10 节 2 m 长的 1 寸(1 寸≈3.33 cm)无缝钢管进行封孔,封孔结构示意图如图 6-17 所示。在孔内深部插入长 100 m 左右、直径为 50 mm 的 PVC 管作为浆液导流管(前端 20 m 开射浆孔),且能起到支撑孔壁作用。

封孔材料采用联邦加固Ⅰ号(双液)材料,采用棉纱堵两端、中间灌注的方式封孔,封孔 2 h 后即可连管注浆。为方便后期注浆作业,通过弯管连接,将注浆连接头置于距巷道底板 1.8 m 高位置,以方便连管注浆和操作球阀;封孔时间为注浆前或者钻孔施工完成后。

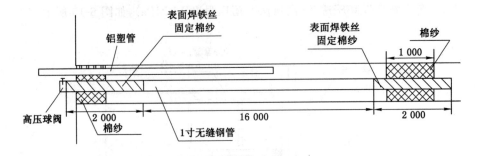

图 6-17　钻孔封孔结构示意图

6.5　注浆设备及系统

6.5.1　封孔设备及系统

封孔设备宜采用 2ZBQ50/19 型气动双液注浆泵,配备 2 个 QB200 型气动搅拌桶。2ZBQ50/19 型气动双液注浆泵(见图 6-18)使用压缩空气作为动力,可以在大淋水、高瓦斯场合安全使用。该泵利用工作介质(浆液、压缩空气)传递压力信号,具有闭环自动调控性能。因此,该泵结构简单,使用可靠,无超压问题。该泵换向机构具有气压自动定位性能,绝无"自停"现象。

2ZBQ50/19 型气动双液注浆泵可以无级调节排浆量和排浆压力,供气压力 0.4～0.6 MPa,注浆压力 0～19 MPa,最大流量 50 L/min,可注单液浆、双液浆,在泵随注浆压力变化而自动调节排浆量时,能自动保持两种浆液的配比不变。

采用镇江长城注浆设备有限公司生产的 QB200 型气动搅拌桶(见图 6-19),该搅拌桶具有不需要接电源、质量较轻、易于移动的优点,适用于经常变换地点的注浆施工。

封孔材料采用联邦加固I号(双液)材料,封孔系统连接示意图如图 6-20 所示。系统由 2 个气动搅拌桶 QB200,2 个盛浆桶,1 台气动双液注浆泵 2ZBQ50/19,以及相应的管路和混合器组成。

6.5.2　注浆设备及系统

深孔注浆泵采用的是镇江长城注浆设备有限公司生产的型号为

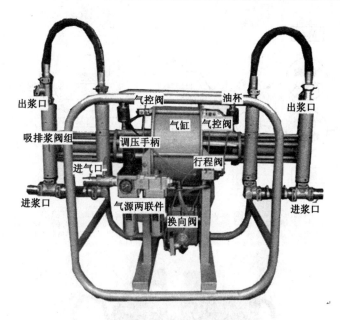

图 6-18　2ZBQ50/19 型气动双液注浆泵

图 6-19　QB200 型气动搅拌桶

ZBYSB220/28-55 的液压注浆泵(见图 6-21),其注浆压力为 0～28 MPa,最大流量为 220 L/min,在泵随注浆压力变化而自动调节排浆量时,能自动保持两种浆液的配比不变。

与之配备的搅拌桶为 QB260 型气动搅拌桶。该搅拌桶的优点是质量较轻、易于移动,适用于经常变换地点的注浆施工。

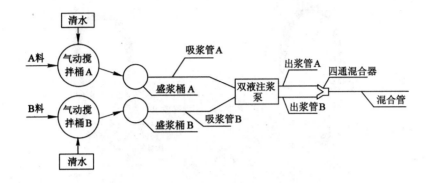

图 6-20　封孔系统连接示意图

图 6-21　ZBYSB220/28-55 型液压注浆泵

本次注浆采用联邦加固Ⅰ号(单液)材料,注浆系统连接示意图如图 6-22 所示。系统由 2 个气动搅拌桶 QB260,1 个盛浆桶(2 个搅拌桶交替向盛浆桶内放浆),1 台 ZBYSB220/28-55 型液压注浆泵,以及相应的管路和混合器组成。

6.5.3　封孔设备改进

通过现场试验和反复改进升级,对封孔设备进行了改进,形成了小型的封孔用注浆泵。该设备结构紧凑,将浆液搅拌和注浆集中在一台设备上进行,简化了注浆操作系统,注浆压力小,较为适合注浆钻孔封孔使用,同时设备轻便灵活,设备尺寸仅为 40 cm×60 cm×80 cm,便于在井下现场的移动作业,一个人

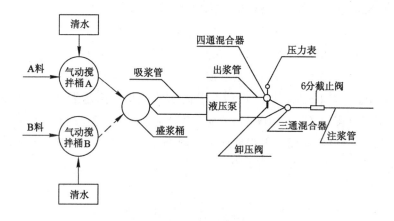

图 6-22　注浆系统连接示意图

即可实现注浆钻孔封孔作业,从而可大大提高工作效率、降低劳动强度。改进形成的小型封孔注浆泵结构外观如图 6-23 所示。

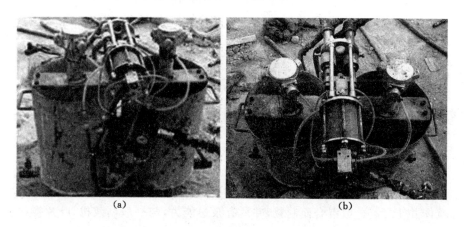

图 6-23　改进形成的小型封孔注浆泵结构外观

6.5.4　高速搅拌机研发

现场施工过程中采用的注浆材料为新型无机单液注浆材料,该材料呈粉末状,在注浆之前需要加水搅拌。在以往的深孔注浆施工中,使用 QB200 型气动搅拌桶进行浆料的搅拌,但在使用过程中明显存在两个问题:

(1)浆液搅拌速度慢,而液压注浆泵功率大、流量大、注浆速度快,浆液搅拌速度明显跟不上出浆速度,会延误注浆进度。

(2)单液注浆材料细度大,超细水泥颗粒为次纳米级材料,采用气动搅拌桶时搅拌速度慢,浆液混合不均匀,易在浆液中产生大量的粉料团聚颗粒,从而影响注浆效果,甚至会对注浆设备造成损坏。

因此,鉴于以上问题,计划设计研发高速搅拌机。高速搅拌机采用涡流制浆机构搅拌制浆,速度快、效率高、劳动强度小,制备的浆液均匀,能够避免浆液中出现颗粒状材料,从而更大程度地保证现场注浆效果。自主研发的高速搅拌机结构简图如图 6-24 所示,外观如图 6-25 所示。

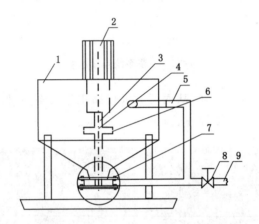

1—搅拌桶;2—防爆电机;3—立轴;4—定位螺母;5—喷射管;
6—搅拌轮盘;7—搅拌叶轮;8—切换手柄;9—出浆管。

图 6-24 自主研发的高速搅拌机结构简图

该高速搅拌机采用高速强力涡流双力循环,多次剪切同时撕裂粉碎固体团体流体并使之高分散混合而制浆,并具有泵送能力,与一般制浆机、叶片搅拌机相比,具有制浆速度更快、浆液搅拌更均匀等特点。

该高速搅拌机主要包括搅拌桶、防爆电机、立轴、搅拌轮盘、搅拌叶轮、喷射管、切换手柄、出浆管等。

搅拌桶:料浆混合容器;

防爆电机:搅拌机动力装置;

立轴:动力传输装置;

搅拌轮盘:第一搅拌装置;

搅拌叶轮:第二搅拌装置;

图 6-25　高速搅拌机外观

喷射管:第三搅拌装置;

切换手柄:料浆输送管路切换装置;

出浆管:成浆输送管道。

其工作原理是:该机由立式防爆电机驱动,采用皮带传动于悬臂支撑的高速搅拌轴上,搅拌叶轮采用高速轴流型叶片。叶片呈锯齿状,剪切力大,可产生不规则的强力涡流,同时能撕裂粉碎固体团体流体并使之高分散混合,高速旋转的流体经固定叶片再次强力剪切并向和搅拌叶片同轴的循环输送泵强制送浆,由输送泵快速将桶内的浆液循环均匀,制浆速度快,需时不到 1 min。该高速搅拌机不仅制浆速度快,而且配置的浆液均匀充分,没有成团结块现象,特别适合制高浓度的浆液。

6.5.5　定容水箱研发

在使用超细水泥时,对水灰比要求较高。当水灰比低时,超细水泥料浆稠度增大,搅拌分散效果差,甚至会造成料浆直接固结,从而导致搅拌机不能使用;当水灰比高时,浆液的硬化时间变长,煤壁漏浆严重,封堵困难,浆液固结体强度下降,注浆效果差。目前,搅拌机加水一般采用人工手动控制的方法进行,水量由工人目测调整控制,存在较大偏差。这就造成超细水泥料浆水灰比不准确,已经严重影响了注浆作业和注浆效果。同时,常规制浆方法采用加水—搅拌—注浆—再加水的循环制浆工序,由于搅拌机供水管路较细,而注浆作业速度较快,经常出现注浆泵停泵等待加水和搅拌制浆的现象,严重影响注浆进度和施工质量。

　　针对采用超细水泥制浆时供水过程中存在的这些问题,笔者所在研究团队在制浆设备的选型中特别设计了定容水箱,以更精确地确定材料搅拌过程中的用水量。定容水箱主要部件包括:进水阀、高压胶管、进水控制器、连杆、浮球、虹吸软管、放水口阀门和水箱箱体。该水箱可以实现定量供水、快速供水、提前存水和加水过程自动控制。自主研发的定容水箱结构简图如图 6-26 所示,外观如图 6-27 所示。

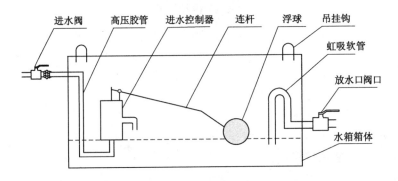

图 6-26　自主研发的定容水箱结构简图

图 6-27　定容水箱外观

定容水箱工作时,井下的高压水水管通过快速接头连接到定容水箱的进水口,打开进水阀,水通过高压胶管进入进水控制器。在水压的作用下,打开进水控制器开关,水流入定容水箱箱体内,随着水液面上升,浮球上浮。浮球通过连杆连接进水控制器开关,浮球上升到设定高度(水箱设定水量,可以调整)时,通过杠杆作用将进水控制器开关闭合,水箱停止加水。此时打开放水口阀门,水箱内的水流到高速搅拌机内部开始制浆。随着箱体内水流出,浮球随液面下降到设定位置时(此时液面位置刚好使虹吸软管管口漏出,放水结束,关闭放水阀门),通过杠杆作用打开进水控制器开关,进行加水作业,如此循环作业,完成制浆供水。

通过控制进水控制器灵敏度,可以实现定量供水;通过调整虹吸软管管口高度,可以实现对单次供水水量的调整;定容水箱储水到设定量之后会停止进水,放水完毕后可自动打开进水控制器开关,进水、放水由浮球、连杆和进水控制器开关自动控制;放水口内径为 50 mm,解决了井下供水管(一般为A10 管)太细而导致的供水速度慢的问题,实现了快速供水;利用放完水后浆液搅拌这段时间,定容水箱可提前蓄水,因此能够较好地解决供水时间紧张的问题。

6.6　注浆参数及施工组织管理

6.6.1　注浆参数

注浆材料水灰比:现场工作面采高大、回采效率高、钻孔长,对注浆材料的流动度、凝结时间、硬化时间等指标都有较大的影响和较高的要求,而深孔注浆材料的现场工程应用情况较少,因此需要进行配比试验研究,以调整深孔注浆材料的流动度、凝结时间、硬化时间等一系列参数。结合现场实际操作情况,逐步确定了双液材料、单液材料交替注浆的方式,在现场施工过程中单液注浆材料水灰比为 0.6∶1,封孔用的双液注浆材料水灰比为0.8∶1。

注浆压力:注浆压力也是影响注浆效果的关键参数,深孔的注浆压力一般情况下为 15 MPa,当围岩破碎、漏浆严重时可适当减小注浆压力。

单孔注浆量:单孔注浆原则上需要一直注至压力达上限为止,如果注浆时间过长、注浆量过大,则应考虑是否存在漏浆通道。

6.6.2 施工组织管理

(1) 注浆施工过程

① 提前在超前工作面范围内施工布置钻孔,以便在工作面靠近钻孔时组织深孔注浆工作。

② 注浆施工单位应提前准备好注浆材料、注浆设备、封孔用棉纱、绑丝等。

③ 把泵及附件(包括注浆用高压软管、工具、注浆管、U 形卡、连接注浆管用的接头等)、注浆材料等运至施工地点。并准备一桶清水(约 30 L),用于施工前的试验及施工后泵的清洗。

④ 在连接泵与风管之前打开风管截止阀,吹去风管内残留水,然后将吸液管、注浆软管与泵和风动搅拌机连接好。

⑤ 将泵与压风管路相连接,检查泵的润滑油量是否满足要求,开泵检查泵能否正常运转。

⑥ 将注浆锚杆安装到注浆钻孔内,并进行封孔(注意封孔器的终端距孔口不得小于 1 000 mm)。

⑦ 若一切完好,则大约 20 min 后,封孔材料可以达到封堵硬度,然后开始注浆。

⑧ 注浆流程。检查泵及注浆管路的连接等情况—打开输出阀门—冲开封孔器压力塞—开始注浆—暂停注浆—继续注浆—结束注浆—用清水清洗泵和注浆管路。

⑨ 在注浆过程中,必须注意观察泵及巷道四周状况,当煤壁有返浆(通过多次暂停泵操作仍有浆液流出)时,通过间歇注浆使已经注入煤体内的浆液凝结硬化,而泵及注浆管内的浆液不失去流动性,从而封堵漏浆裂隙。

⑩ 注浆结束后,对现场进行清理,注意清洗注浆泵、注浆管、盛浆桶、搅拌桶与截止阀等设备。

(2) 注浆施工组织

注浆施工需要一套专用设备及管路系统,占据一定的空间,应合理组织,以保证安全且不影响井下的正常运输等工作。注浆班需 4~5 人,其中,两人备料,一人开泵,一人连接封孔管,另有一人协调并监测注浆过程。

(3) 防漏浆技术

当遇到漏浆情况时,暂停注浆泵,或调整节流阀以降低注浆速度,停泵时间不能超过 3 min,每 3 min 左右开一次注浆泵,让泵的活塞往返运动 2 次,然后停止注浆泵,如此反复,直到已经注入的浆液封堵住漏浆裂隙为止,之后继续正常开泵注浆;当遇到裂隙比较大的漏浆通道时,可以用棉纱塞住漏浆通道,并辅助浆液封堵漏浆通道。

7 工业性试验及其效果考察分析

7.1 现场工业性试验情况

由于现场施工安排,仅对超高区工业性试验情况进行了考察分析。根据方案,在设计区域共布置钻孔 136 个,钻孔孔径、深度、开孔位置等参数均按照方案设计进行布置,经统计,现场注浆共使用注浆材料 805.12 t,平均每孔注浆量为 5.92 t,最大单孔注浆量为 11.3 t,注浆压力基本保持在 15 MPa 左右。

针对现场深孔注浆施工过程中出现的漏浆严重问题,综合现场施工经验,采取了一系列措施,起到了较好的防治深孔注浆漏浆效果。

(1)针对施工区域钻孔钻进 20～40 m 时裂隙较多、离层大、破碎严重、钻孔施工困难等问题,现场采取"两次成孔、两次注浆"的方式进行施工作业,即在钻眼位置打 10～15 m 深浅孔,插铝塑管进行浅孔注浆,控制浅部破碎带,然后再采取深孔注浆材料进行深孔注浆,取得了较好的应用效果,钻孔成孔效率高,漏浆现象得到明显改善。

(2)研发了双液缓凝材料,在进行浅孔注浆时首次应用了该材料,材料性能更加适合中深孔注浆作业,能够对巷道围岩浅层破碎带起到较好的控制作用。

(3)针对个别钻孔出现的严重漏浆问题,现场主要采取单双液交替注浆和多孔循环注浆的方式进行注浆作业,较好地解决了漏浆问题,保证了注浆作业进度。

①单双液交替注浆。由于单液浆凝固速度相对较慢,仅靠浆液凝固实现堵漏在短时间内比较困难。因此,在单液注浆过程中发现漏浆,且通过普通封堵手段难以实现效果时,切换到双液注浆,待双液从漏浆处流出时,再切换至单液注浆,依靠双液浆凝固速度较快的特点,一般能够实现对漏浆通道的封堵。

②多孔循环注浆。即在对 A 钻孔注浆出现漏浆时,关闭孔口阀门暂停对该钻孔注浆,转而注 B 钻孔,当 B 钻孔漏浆时,暂停对 B 钻孔注浆,可以再注 C 钻孔或开始二次复注 A 钻孔,然后再对 B 钻孔进行复注,如此循环注浆,部分钻

孔可以进行 3 次甚至 4 次复注,以确保钻孔具有相当的注浆量。

7.2 工业性试验效果考察分析

7.2.1 注浆后工作面片帮、冒顶情况统计分析

现场考察发现,工作面构造区深孔注浆取得了较好的注浆加固效果。经统计,工作面未注浆区域在统计期间共发生煤壁片帮、冒顶 146 架次,且片帮区一般连续 4～6 架,呈现成片片帮现象,片帮深度多在 1 m 以上,部分区域片帮深度可达 2.5 m 以上;而注浆加固区域在统计期间共发生煤壁片帮、冒顶 20 架次,且程度较轻。由此对比可以看出,工作面构造区深孔注浆较好地改善了工作面煤壁片帮现象,注浆加固区顶板冒落率降低 86% 以上。

注浆前后的工作面煤壁片帮、冒顶情况统计如表 7-1 和表 7-2 所示。

表 7-1　未注浆加固区域工作面片帮、冒顶情况统计

观测日期	片帮、冒顶情况
10 月 19 日	12#—16# 架片帮*,深度最大约 1.5 m;24#—28# 架片帮,深度最大约 1 m;34#—38# 架片帮,深度最大约 2.0 m;80#—84# 架片帮,深度最大约 0.4 m;123#—127# 架片帮,深度最大约 0.5 m;35#—38#、50#—52#、79#—82#、108#—112# 架间顶板破碎
10 月 20 日	16#—18# 架片帮,深度最大约 1.5 m;37#—44# 架片帮,深度最大约 2.5 m;119#—120# 架片帮,深度最大约 1.0 m;17#—22# 架间顶板破碎
10 月 21 日	16#—22# 架片帮,深度最大约 1 m;36#—44# 架片帮,深度最大约 1.5 m;28#—36# 架间顶板破碎;44#—45# 架间顶板冒落高度约 1 m,118#—120# 架间顶板破碎
10 月 22 日	17#—19# 架片帮,深度最大约 0.4 m;24#—27# 架片帮,深度最大约 0.8 m;33#—37# 架片帮,深度最大约 1.0 m;86#—87# 架片帮,深度最大约 0.5 m;82#—84# 架片帮,深度最大约 0.5 m;15#—18#、21#—26#、42#—45# 架间顶板破碎
10 月 23 日	11#—13# 架片帮,深度最大约 0.4 m;10#—15# 架片帮,深度最大约 0.5 m;25#—33# 架片帮,深度最大约 0.8 m;顶板破碎严重,10#—16#、40#—42# 架间顶板冒落高度 0.4～0.5 m,121#—125# 架间伪顶冒落高度 0.4 m

表 7-1(续)

观测日期	片帮、冒顶情况
10 月 24 日	22#—26#架片帮,深度最大约 0.5 m;74#—77#架片帮,深度最大约 2.5 m;107#—108#架片帮,深度最大约 0.5 m;12#—16#架间顶板冒落高度约 1.0 m;22#—28#、41#—43#、55#—58#、111#—113#架间顶板破碎
10 月 25 日	22#—26#架片帮,深度最大约 0.5 m;44#—47#架片帮,深度最大约 2.5 m;127#—128#架片帮,深度最大约 0.5 m;22#—24#、25#—32#、103#架间顶板破碎
10 月 26 日	18#—24#架片帮,深度最大约 1 m;55#—60#架片帮,深度最大约 1.4 m;88#架片帮,深度 0.4 m 左右;30#—40#架间顶板破碎,伪顶冒落高度约 0.3 m;42#—45#架间顶板冒落高度 1 m 以上;48#架间顶板冒落高度 1 m 以上
10 月 27 日	19#—22#架片帮,深度最大约 1 m;55#—60#架片帮,深度最大约 1.2 m;30#—40#架间顶板破碎;30#—60#架间 20~40 cm 厚伪顶基本随采随冒,个别冒落高度达 1 m 以上;42#—45#架间顶板冒落高度 1 m 以上;48#架间顶板冒落高度 1 m 以上
10 月 28 日	11#—14#架片帮,深度最大约 1 m;30#—31#架片帮,深度最大约 0.8 m;47#—48#架下部帮,深度最大约 1 m;60#—62#架煤壁下部片帮,深度最大约 0.8 m;21#—23#架间顶板掉矸,高度最大约 0.6 m;25#—26#架间顶板掉矸,高度最大约 0.4 m;30#—31#架顶板掉矸,高度最大约 0.5 m;41#—42#架间顶板破碎掉矸,高度最大约 0.4 m;46#架间顶板破碎;124#—125#架间顶板掉矸,高度最大约 0.2 m
10 月 29 日	6#—12#、16#—22#、31#—34#架片帮,深度最大约 1.5 m;45#—47#架片帮,深度最大约 2.5 m;12#—15#架间顶板破碎;40#—41#架间顶板冒落高度 1.0 m
10 月 30 日	5#—6#架片帮,深度最大约 1.0 m;14#—18#架片帮,深度最大约 1.5 m;31#—34#架片帮,深度最大约 1.5 m;45#—47#架片帮,深度最大约 2.5 m;41#—42#架间顶板冒落高度约 0.5 m
10 月 31 日	6#—8#、14#—16#、23#—27#、41#—44#、46#—61#架片帮,深度最大约 1.5 m;76#—78#架片帮,深度最大约 0.4 m;33#—35#架间顶板冒落高度约 1.0 m

注:＊指 12#—16#支架前方工作面煤壁片帮,其他同。

表 7-2 注浆加固区域工作面片帮、冒顶情况统计

观测日期	片帮、冒顶情况
11 月 19 日	93#—97#架片帮,深度最大约 0.5 m;88#—92#架间顶板破碎
11 月 21 日	118#—120#架间顶板破碎
11 月 22 日	82#—84#架片帮,深度最大约 0.5 m
11 月 23·日	121#—125#架间顶板较破碎,顶板冒落高度最大约 0.4 m
11 月 24 日	77#—78#架片帮,深度最大约 0.5 m;71#—73#架间顶板破碎
11 月 25 日	77#—78#架片帮,深度最大约 0.5 m
11 月 26 日	88#架片帮,深度 0.4 m 左右
11 月 28 日	124#—125#架间顶板掉矸,高度约 0.2 m
11 月 30 日	76#—78#架片帮,深度最大约 0.4 m

注: * 指 93#—97#支架前方工作面煤壁片帮,其他同。

7.2.2 工作面推进速度统计分析

在工业性试验中,山西晋煤集团技术研究院有限责任公司(以下简称晋煤集团技术研究院)与国内某知名高校各进行 60 m 范围地质异常区域的注浆加固作业,进行技术比武。因此,对注浆加固前后的工作面推进速度进行了统计,工作面推进速度统计曲线如图 7-1 所示,不同区域平均推进速度如图 7-2 所示。

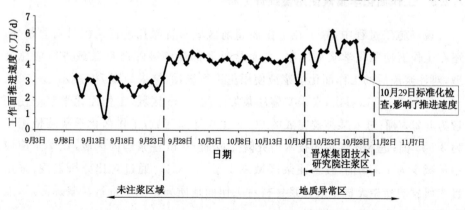

图 7-1 工作面推进速度曲线

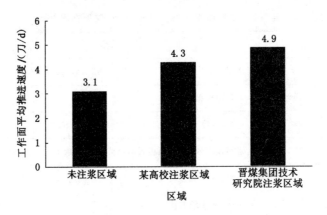

图 7-2　不同区域工作面平均推进速度

从图 7-1 和图 7-2 可以看出,在未注浆区域,工作面平均推进速度为 3.1 刀/d;某高校完成的注浆加固区域,工作面平均推进速度为 4.3 刀/d;在晋煤集团技术研究院注浆区域,工作面平均推进速度为 4.9 刀/d,较未注浆区域提高了 58.1%。从总体上可以看出,采用自主研发的新型无机单液注浆材料进行深孔注浆作业,能够明显提高工作面推进速度;实施工作面深孔注浆,在加固工作面煤壁、提高煤体完整性和承载能力的同时,也对工作面顶板进行了加固,同时提高了煤体及顶板的完整性,对提高工作面推进速度具有重要意义。

7.2.3　工作面化学浆液使用量统计分析

现场施工过程中,除了在工作面超前区域布置深孔进行无机材料注浆外,还在工作面使用化学浆液注浆,主要是对局部煤壁破坏严重区域进行应急处理,对注浆前后的工作面化学浆液使用量进行统计,结果如图 7-3 所示。

从图 7-3 可以看出,在未实施注浆加固的 60 m 区域,工作面化学浆液使用量为 6 233 桶;进入某高校完成的 60 m 注浆加固区域,工作面化学浆液使用量为 3 545 桶;进入晋煤集团技术研究院完成的 60 m 注浆加固区域,化学浆液使用量减少为 1 915 桶,较未注浆区域减少了 69.3%。通过对比分析发现,采用自主研发的新型无机单液注浆材料对工作面地质异常区域进行注浆加固后,能大幅度减少化学浆液使用量。

综合对注浆加固效果的考察分析可以看出,深孔注浆达到了较好的注浆加固效果,对控制煤壁和顶板具有明显作用,主要表现在:

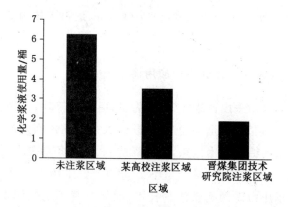

图 7-3　工作面化学浆液使用量

（1）有利于工作面煤壁及顶板管理，实施深孔注浆加固措施，能明显改善工作面煤壁片帮、冒顶现象，有效防止破碎顶板冒落，注浆加固区顶板冒落率降低了 86% 以上。

（2）有利于提高工作面回采效率，实施深孔注浆加固措施后，工作面推进速度明显加快。据统计，在晋煤集团技术研究院实施工业性试验的 60 m 范围内，工作面推进速度由 3.1 刀/d 提高至 4.9 刀/d，提高了 58.1%。

（3）有利于降低工作面注浆成本，实施深孔注浆加固措施后，工作面化学浆液使用量显著减少。根据现场统计，在晋煤集团技术研究院实施工业性试验的 60 m 范围内，工作面化学浆液使用量由 6 223 桶减少为 1 915 桶，减少了 69.3%。

7.3　技术推广应用情况

7.3.1　赵庄矿大采高工作面推广应用情况

赵庄矿大采高工作面煤层顶板中夹杂泥岩层，属于复合顶板，极易在工作面回采过程中随采随冒，造成安全隐患，同时严重影响工作面生产，制约大采高工作面效能发挥，尤其在地质异常区域更为严重。大采高工作面地质构造探测及超前支承压力区深孔预注浆技术的应用，很好地解决了工作面煤壁片帮、冒顶问题，达到了较好的工业性试验效果。目前，已在赵庄矿开展了大量的技术推广应用，据统计，已在该矿 1307、5312、3307、1309 大采高工作面完成了技术推广应用,共计注浆加固地质异常区域 1 495 m,取得了较为显著的经济与社会效益。

7.3.2 长平矿大采高工作面推广应用情况

长平矿目前以回采山西组 3#煤层为主,但煤质较软,工作面回采过程中煤壁片帮、冒顶现象频发,安全问题严重,同时大采高工作面效能发挥不明显。自长平矿采用大采高综采技术以来,由于煤质软、地质条件复杂、煤壁片帮冒顶严重,工作面产量一直上不去,月产量不足 30 万 t。采用大采高工作面地质构造探测与超前支承压力区深孔预注浆技术,明显改善了工作面煤壁片帮、冒顶现象,保障了工作面生产安全,同时大大提高了工作面回采效率。其中,4312 工作面采用深孔预注浆技术后月产量大大提高,2016 年 9 月份创造了工作面月产 37.18 万 t 的纪录,经济效益明显。据统计,目前该技术已在长平矿 4312、4315、4306 大采高工作面进行了推广应用,共计注浆加固地质异常区域 1 325 m,且技术推广仍在继续。

以长平矿 4312 大采高工作面为例,该工作面走向长 1 714.865 m,倾斜长 220.7 m,开采 3#煤层,煤层总厚度为 5.52 m(其中,煤厚 4.97 m,泥岩夹层厚度 0.55 m),呈黑色,上部较硬、下部质软。煤层倾角 1°~7°,平均倾角 4°;埋深为 316~450 m;基本顶为中粒砂岩,厚度为 10.64 m;直接顶为砂质泥岩,厚度为 3.82 m;直接底为泥岩,厚度为 9.85 m;老底为粉砂岩,厚度为 4.40 m。

工作面采用三巷布置方式:Ⅲ43121 巷供进风、运煤、供水、排水用,沿顶掘进,巷道断面为 5.4 m×3.8 m(宽×高);Ⅲ43122 巷供进风、运料、排水用,巷道断面为 5.4 m×5.4 m(宽×高);Ⅲ43123 巷供进风、运料、供电、供液、供水、排水用,巷道断面为 5.4 m×5.6 m(宽×高)。

为了能够清楚地认识工作面构造区域隐蔽构造分布情况,进而有针对性地进行构造区域深孔注浆,采用槽波地震勘探技术对工作面回采范围进行了探测,勘探长度为 1 670 m,分六段进行探测,共发现地质异常区域 17 个。本次工业性试验共加固地质异常区域 4 个,分别为 YC_9、YC_{11}、YC_{12}、YC_{14},其特征描述如表 7-3 所示,地质异常区域分布情况如图 7-4 所示。地质异常区域钻孔布置平面示意图如图 7-5 所示。

表 7-3　工业性试验中地质异常区域特征描述

编号	地质异常区域	走向范围/m	倾向范围/m	特征描述
1	YC_9	832～971	110～220	推断为一断层或煤岩层破碎带
2	YC_{11}	985～1072	56～155	推断为一陷落柱,或 SF_{172} 断层的延伸
3	YC_{12}	1 092～1 212	0～55	推断为 SF_{143} 断层的延伸
4	YC_{14}	1 245～1 424	96～220	推断为 SF_{161}、SF_{157} 断层的延伸,且区域可能弱富水

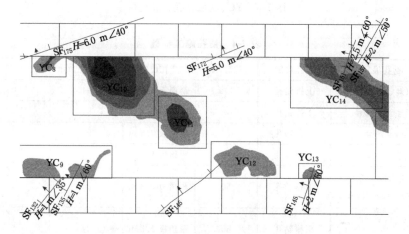

图 7-4　工业性试验中地质异常区域分布情况

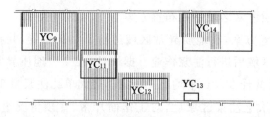

图 7-5　地质异常区域钻孔布置平面示意图

　　以地质异常区域 YC_{14} 为例,该区域共布置钻孔 22 个,分为上、下两排钻孔,钻孔呈"三花"形布置,排内相邻钻孔间距为 10 m,钻孔采用分段成孔方式,外侧 8 m 采用 $\phi133$ mm 钻头施工,施工完成后安装套管,内侧采用 $\phi94$ mm 钻头施工。钻孔开孔位置如图 7-6 所示,钻孔施工参数如表 7-4 所示。

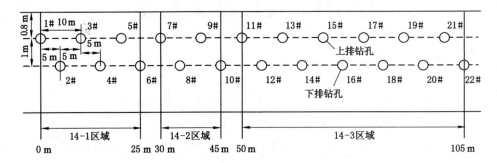

图 7-6　YC$_{14}$区域钻孔开孔位置

表 7-4　钻孔施工参数

钻孔编号	钻孔位置	孔深/m	开孔位置	钻孔直径/mm	施工角度/(°)
1#、3#、5#	上排钻孔	100	距顶板 0.8 m	94	0
2#、4#、6#	下排钻孔	100	距顶板 1.8 m	94	0
7#、9#	上排钻孔	70	距顶板 0.8 m	94	0
8#、10#	下排钻孔	70	距顶板 1.8 m	94	0
11#、13#、15#、17#、19#、21#	上排钻孔	60	距顶板 0.8 m	94	0
12#、14#、16#、18#、20#、22#	下排钻孔	60	距顶板 1.8 m	94	0

其他 3 个地质异常区域钻孔布置方案与 YC$_{14}$区域类似。

根据钻孔布置方案,在地质异常区域进行了钻孔布置,并在钻孔进入工作面超前支承压力区域后进行注浆作业。据统计,在 4 个地质异常区域共实施钻孔 117 个,注浆量共计 320 t,平均 2.74 t/孔,最大单孔注浆量 10.2 t。

在工作面回采至注浆区域后,对工作面片帮、冒顶情况进行了统计分析。根据现场观测数据,注浆加固区的煤体完整性明显好于未注浆区。观测数据对比分析结果见图 7-7。

从图 7-7 可以看出,100 m 钻孔覆盖的注浆加固区煤壁整体性较好,片帮发生区域和高度均较小;而未注浆区的煤壁片帮相对严重,尤其是 60#—70# 支架区域,煤壁片帮最大高度为 1.5 m,最大深度可达 2 m,给工作面顶板管理带来困难。因此,注浆加固对于提高地质异常区域煤体的完整性和承载能力具有重要作用。

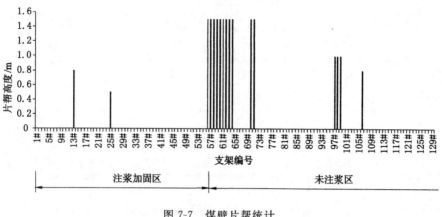

图 7-7　煤壁片帮统计

7.3.3　寺河矿大采高工作面末采深孔预注浆技术推广应用情况

寺河矿大采高工作面采用提前布置撤架通道的方式进行末采,从而有利于提高撤架速度,但由于叠加应力作用,末采阶段极易造成片帮冒顶事故,以往3313 等工作面在末采阶段即发生了冒顶倒架事故,安全问题显著,导致工作面末采时间长(将近 2 个月)。除此之外,以往主要采用工作面浅孔注化学浆液的方式治理工作面煤壁片帮,化学浆液渗透性差、易自燃、安全性差且价格昂贵,仅一个工作面注浆成本就高达 500 万元。

采取大采高工作面末采深孔预注浆技术,大大提高了工作面煤壁完整性,末采期间未出现片帮冒顶事故,末采工作一般 4～5 d 即完成,同时极大限度地降低了工程成本。据统计,目前该技术已在寺河矿 W2302、E5303、E1307、E5302、E1308、E4304、W2106、W3301、E4307、E5304 等 10 个工作面进行了推广应用,效果显著。

以寺河矿 E5303 大采高工作面为例,该工作面开采 3# 煤层,一次采全高,煤层底板标高 +275～+326 m,地面标高 +560～+699 m,工作面倾斜长度为221.3 m,走向长度为 1 334.8 m,煤层平均厚度为 5.9 m。

5303 工作面共布置 5 条回采巷道,采用"三进两回"U 形通风系统,工作面回采巷道沿煤层底板布置。工作面南为 53031 巷(主进风巷及列车巷)、53035巷(主进风巷及辅运巷),北为 53033 巷(辅助进风巷及胶带巷)、53032 巷(回风巷)、53034 巷(回风巷)。工作面巷道布置平面图如图 7-8 所示。

钻孔布置示意图如图 7-9 至图 7-13 所示。在主撤通道内,布置 15 m 深

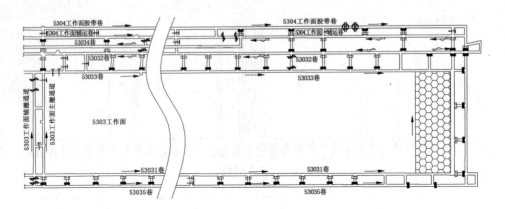

图 7-8　5303 工作面巷道布置平面图

钻孔 46 个,仰角为 10°,呈一排布置,间距为 5 m,开孔位置距底板 2.5 m;
30 m 深钻孔 72 个,位于 15 m 深钻孔下方,呈"三花"形布置,上排钻孔开孔位
置距底板 2 m,仰角为 6°,下排钻孔开孔位置距底板 1.5 m,仰角为 0°,排内钻
孔间距为 4 m。在 53031 巷内,布置 80 m 深钻孔 17 个,呈"三花"形布置,上
排钻孔开孔位置距底板 2 m,仰角为 1°~2°,下排钻孔开孔位置距底板 1.5 m,
仰角为 0°,排内钻孔间距为 4 m;为了达到更好的注浆加固效果,在 53031 巷
内补打 10 个 20 m 深钻孔,钻孔仰角为 6°,呈一排布置,间距 5 m,开孔位置距
顶板 1.5 m。

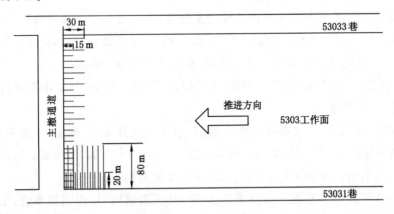

图 7-9　钻孔整体布置俯视图(图中尺寸仅为示意,未按比例绘制)

　　现场按照设计方案布置钻孔并注浆。经统计,主撤通道内 30 m 深钻孔共
使用注浆材料 5 180 袋,15 m 深钻孔共使用注浆材料 266 袋;53031 巷内 80 m

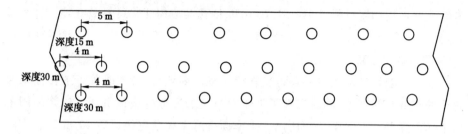

图 7-10　主撤通道钻孔布置侧视图

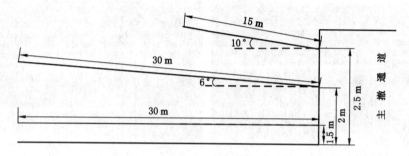

图 7-11　主撤通道钻孔布置剖面图

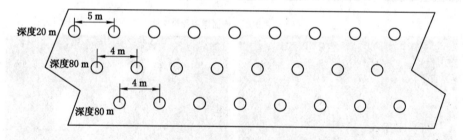

图 7-12　53031 巷钻孔布置侧视图

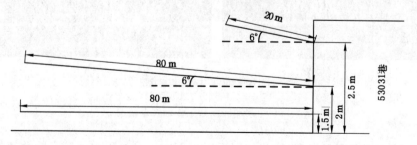

图 7-13　53031 巷钻孔布置剖面图

深钻孔共使用注浆材料 1 344 袋,20 m 深钻孔共使用注浆材料 700 袋。综合计算得出,寺河矿 5303 大采高工作面末采深孔预注浆工程共计使用注浆材料 7 490 袋,即 187.25 t。

现场工业性试验取得了较为显著的注浆加固效果,有效改善了工作面末采阶段的煤壁片帮现象,同时实现了工作面与主撤通道的快速贯通。注浆加固前后工作面煤壁情况如图 7-14 所示。工作面推进至超前主撤通道 40 m 时进入注浆加固区域,工作面推进过程中的煤壁片帮统计情况如表 7-5 所示。

(a_1) (a_2)

(a) 未注浆时工作面煤壁片帮现象

(b_1) (b_2)

(b) 注浆加固后工作面煤壁状况

图 7-14　注浆加固前后工作面煤壁情况

由统计情况可以发现,注浆加固后工作面在末采过程中煤壁完整性较好,未发生深度大于 1.0 m 的片帮现象,且工作面最后 40 m 仅用了 5 d 时间便全部回采完毕,实现了工作面与主撤通道的快速贯通。另外,工作面化学浆液使用量明显减小,节约了注浆成本,且注浆工作不需要进入工作面,消除了不安全因素,不影响工作面生产。

表 7-5 5303 工作面末采阶段煤壁片帮统计情况

工作面距主撤通道距离/m	工作面煤壁片帮情况
43.6～33.1	煤壁平整,共发现两处片帮,分别发生在 56#—57# 支架和 81#—82# 支架处,深度约 0.3 m
33.1～20.6	煤壁平整,共发现两处片帮,分别发生在 30#—31# 支架处(深度约 0.3 m)和 64#—66# 支架处(深度约 0.4 m)
20.6～14.0	31#—33# 支架处有片帮,深度约 0.4 m;45#—47# 支架处有片帮,深度约 0.3 m;88#—91# 支架处有片帮,深度约 0.5 m
14.0～5.4	24#—28# 支架处有片帮,深度约 0.7 m;39#—43# 支架处有片帮,深度约 0.6 m;66#—70# 支架处有片帮,深度约 0.8 m;83#—87# 支架处有片帮,深度约 0.6 m
5.4～0	12#—16# 支架处有片帮,深度约 0.8 m;25#—30# 支架处有片帮,深度约 0.8 m;55#—61# 支架处有片帮,深度约 0.9 m;82#—87# 支架处有片帮,深度约 1.0 m;98#—103# 支架处有片帮,深度约 0.9 m

8 技术水平及经济社会效益分析

8.1 技术水平

本研究从材料研发、煤壁片帮机理、槽波地震勘探技术、深孔注浆机理及技术方案、工业性试验及效果考察等方面入手,对大采高工作面超前支承压力区深孔预注浆技术进行了深入研究,形成了一系列技术成果,技术优势主要表现在以下几个方面。

(1)研发了高强高渗透性无机注浆材料,该材料为超细无机矿粉材料,细度最大可达 2 000 目,具备很强的渗透性和流动性,材料制浆后 4 h 内性状不会发生大的改变,4 h 后强度快速增长,24 h 强度可达 20 MPa 以上,最终强度可达45 MPa,强度增长快,3 d 强度可达最终强度的 80%。浆液流动性好,30~40 min 以内流动性较好,初凝时间不少于 3.2 h,能够满足深孔注浆工程施工时间需要,同时也能确保工作面安全高效开采。

(2)提出了工作面超前支承压力区深孔注浆工艺技术,该技术充分利用工作面超前支承压力带来的"增注"利好,并确立了"煤帮为主,兼顾顶板"的治理思路,提前布置深孔,或者利用瓦斯抽采钻孔,待钻孔进入工作面超前支承压力区后连管注浆,从而有利于达到较好的注浆加固效果。

(3)将槽波地震勘探与工作面深孔注浆技术相结合,首先采用槽波地震勘探技术对工作面回采区域内存在的断层、陷落柱、破碎带等地质异常区域进行精确探测,然后有针对性地进行钻孔设计和布置,从而对工作面地质异常区域煤壁片帮进行有效的防治处理。

(4)针对深孔钻进成孔困难的问题,通过反复试验和摸索,形成了"分次成孔"技术体系,确保了钻进深度,同时也为注浆施工效果提供了保证。该技术不仅在本研究实施过程中起到了关键作用,而且也具有相当广泛的推广应用前景。

本研究形成的技术成果优势明显、适应性强、效果突出,在大采高工作面深孔预注浆工程中得到了广泛应用,现阶段在赵庄矿1307、3307、5312、1309工作面地质异常区域深孔预注浆,长平矿4312、4315、4306工作面构造区深孔预注浆,寺河矿 W2302、E5303、E1307、E5302、E1308、E4304、W2106、W3301、E4307、E5304等10个工作面末采深孔预注浆等工程应用中均得到了较好的实施,且取得了明显的注浆加固效果,创造了显著的经济与社会效益。

8.2　经济效益分析

（1）大采高工作面构造区深孔预注浆工业性试验

对于大采高工作面构造区深孔预注浆工业性试验而言,其经济效益主要体现在节约注浆工程成本上。以赵庄矿1307大采高工作面超高区60 m范围的深孔预注浆工程为例,未采用无机注浆材料进行注浆以前,矿方全部采用化学浆液进行注浆加固,而采用无机注浆材料后,仅使用了少部分的化学浆液。

按化学浆液2.5万元/t、无机注浆材料0.5万/t进行材料成本核算。未进行深孔注浆的60 m范围的注浆费用为:6 233桶÷40×2.5万元/t＝389.6万元;晋煤集团技术研究院完成的60 m深孔注浆加固范围的注浆费用为:1 915桶÷40×2.5万元/t＋96.525 t×0.5万元/t＝167.95万元。由此可以得出,节约注浆材料成本为(389.6万元－167.95万元)/60 m＝3.7万元/m。除此之外,由赵庄矿1307大采高工作面构造区深孔预注浆现场工业性试验情况可知,地质异常区域范围共计680 m,共布置钻孔136个,按钻孔平均深度100 m、深孔单孔工程费用20 000元计算,则由此产生的深孔钻进工程费用为0.4万元/m。则在大采高工作面地质异常区域实施深孔预注浆后,可节约的工程成本为3.7万元/m－0.4万元/m＝3.3万元/m。

据统计,目前大采高工作面地质构造探测与深孔预注浆技术已在赵庄矿1307、3307、5312、1309工作面,长平矿4312、4315、4306工作面进行了推广应用。其中,在赵庄矿共计注浆加固地质异常区域1 495 m,在长平矿共计注浆加固地质异常区域1 325 m,则在赵庄矿节约注浆工程成本1 495 m×3.3万元/m＝4 933.5万元,在长平矿节约注浆工程成本1 325 m×3.3万元/m＝4 372.5万元。

（2）大采高工作面末采深孔预注浆工业性试验

据前所述,大采高工作面末采深孔预注浆技术已在寺河矿 W2302、E5303、E1307、E5302、E1308、E4304、W2106、W3301、E4307、E5304等10个工作面进行了推广应用,且均取得了较好的工业性试验效果。其经济效益主要体现在节约注浆材料成本方面。

以寺河矿 E5303 大采高工作面末采注浆工程为例,该工程共使用单液无机注浆材料 187.25 t,仅使用高分子化学浆液 8 t,按化学浆液 2.4 万元/t、无机注浆材料 0.5 万/t 进行材料成本核算,则注浆成本约为 112.8 万元。

同时期,该矿 W2301 工作面末采注浆工程完全采用高分子化学浆液,共使用高分子化学浆液 150 t,则注浆材料成本为 2.4 万元/t×150 t=360 万元。

由此可以得出,寺河矿 E5303 大采高工作面进行末采深孔预注浆工业性试验可节约注浆材料成本为 360 万元－112.8 万元=247.2 万元。以此类比,则在上述 10 个工作面进行末采深孔预注浆可节约注浆材料成本约 2 472 万元。

8.3　社会效益分析

本研究同样取得了较为显著的社会效益,主要体现在以下几个方面。

(1) 注浆材料为无机材料,该材料无毒性、无腐蚀性,不自燃,是完全环保的新型材料,对施工人员不存在任何伤害,且不会造成任何安全隐患。

(2) 通过理论分析、槽波地震勘探技术应用、钻孔布置方案设计等,形成了大采高工作面深孔预注浆煤壁片帮防治技术体系,取得了较好的工业性试验效果,有效地防止了工作面煤壁片帮、冒顶现象的发生,大大改善了井下作业环境,确保了工作面安全高效开采,具有显著的推广应用意义。

参 考 文 献

[1]《岩土注浆理论与工程实例》协作组.岩土注浆理论与工程实例[M].北京：科学出版社,2001.

[2] 李刚.基于透射槽波的煤矿陷落柱探测方法[J].煤矿安全,2016,47(12)：76-78.

[3] 刘文永,王新刚,冯春喜,等.注浆材料与施工工艺[M].北京:中国建材工业出版社,2008.

[4] 庞义辉,王国法,任怀伟.大采高工作面煤壁片帮的多因素敏感性分析[J].采矿与安全工程学报,2019,36(4):736-745.

[5] 熊祖强,陈兵,张建锋.大采高工作面末采防片帮注浆加固技术[J].煤炭技术,2017,36(1):14-16.

[6] 张民庆,彭峰.地下工程注浆技术[M].北京:地质出版社,2008.

[7] 张永.综采工作面过断层超前深孔注浆技术应用研究[J].安徽理工大学学报(自然科学版),2013,33(3):63-68.

[8] 赵云佩,王伟,侯献华,等.槽波反射法在探测采空区中的应用[J].世界核地质科学,2019,36(4):204-215.

[9] 周金龙,黄庆享.浅埋大采高工作面顶板关键层结构稳定性分析[J].岩石力学与工程学报,2019,38(7):1396-1407.